尾矿库闭库治理技术研究

RESEARCH ON CLOSED TAILINGS POND
TREATMENT TECHNOLOGY

代文治　陈培达　韦鹏洲　著

重庆大学出版社

内容提要

本书以贵州省典型的汞矿尾矿库、铅锌矿尾矿库及硫铁矿尾矿库闭库治理工程为研究对象,从尾矿库的尾矿特性等数据资料及现场查勘情况入手,对拟闭库尾矿库进行闭库前的安全评价,以分析其安全缺陷,由此制订尾矿库闭库治理方案,并采用理论分析、数值模拟及数值计算等研究方法,对采用闭库治理技术后的尾矿坝体的稳定性以及库区排洪构筑物泄洪能力进行了分析及预测。本书分为9章,包括绪论、闭库尾矿库工程勘察、尾矿库闭库前现状调查、尾矿库闭库前安全评价及闭库治理内容、闭库尾矿库坝体及库面治理技术、闭库尾矿库排洪排水系统治理技术、尾矿库闭库后风险控制技术、尾矿库闭库安全管理、结论及展望。

本书的研究成果可为我国类似尾矿库闭库工程的治理及闭库后的安全管理和安全风险控制提供一定的技术支撑和参考价值。本书可供矿物加工工程专业及其他相关专业的本科生、研究生阅读,也可供尾矿库研究人员参考。

图书在版编目(CIP)数据

尾矿库闭库治理技术研究/代文治,陈培达,韦鹏洲著. -- 重庆:重庆大学出版社,2024.6. -- ISBN 978-7-5689-4563-9

Ⅰ. TD926.4

中国国家版本馆 CIP 数据核字第 2024WD1516 号

尾矿库闭库治理技术研究
WEIKUANGKU BIKU ZHILI JISHU YANJIU

代文治 陈培达 韦鹏洲 著
责任编辑:苟荟羽 版式设计:苟荟羽
责任校对:谢 芳 责任印制:张 策

＊

重庆大学出版社出版发行
出版人:陈晓阳
社址:重庆市沙坪坝区大学城西路21号
邮编:401331
电话:(023)88617190 88617185(中小学)
传真:(023)88617186 88617166
网址:http://www.cqup.com.cn
邮箱:fxk@cqup.com.cn(营销中心)
全国新华书店经销
重庆升光电力印务有限公司印刷

＊

开本:720mm×1020mm 1/16 印张:10.5 字数:151 千
2024 年 6 月第 1 版 2024 年 6 月第 1 次印刷
ISBN 978-7-5689-4563-9 定价:68.00 元

前　言

　　我国是矿产资源丰富的国家,在矿产资源开采生产或选矿厂选矿过程中都会有废石及尾矿产生,尾矿是现有技术条件暂时无法利用或使用的矿产资源,也是一种人为产生的砂土。尾矿库是用来堆存金属、非金属矿山生产排出废渣及尾矿的场所,在矿山的生产过程中占有很重要的地位,但也是高势能风险源。尾矿库作为矿山工程的三大控制性工程之一,是除煤矿外,危险性最大的工程。在世界各国的矿山工程中,曾发生过很多由尾矿库失事而造成严重的人员伤亡及经济重大损失的案例。截至 2019 年年底,我国共有尾矿库大约 8 000 座,其中"头顶库"[是指下游 1 km(含)距离内有居民或重要设施的尾矿库]共计 1 112 座,约占尾矿库总数的 14%,涉及下游居民 40 余万人,如果尾矿库防控不力导致发生溃坝事故,将对尾矿库下游的居民以及厂矿等设施造成非常严重的威胁,并且极有可能酿成重特大事故。随着矿山企业开发的深入进行,在役的很多尾矿库即将进入闭库阶段。有的因为尾矿库到了服务年限,达到了设计堆置标高;有的因为矿山资源开采枯竭,矿山面临停产倒闭;有的是尾矿库出现了问题,如坝体渗漏、排洪系统失效等而放弃使用;等等。这些尾矿库都需要且必须进行闭库治理与建设。

　　我国矿山企业的建设从中华人民共和国成立时就开始了,尤其是改革开放 40 多年来,各类矿山的开采开发日益增多,而且开发深度和广度不断增加,对矿产品的质量要求越来越高,产生的尾矿体量越来越庞大。我国尾矿库的标准、规范起步较晚,早期的尾矿库建设大多比较粗放,尾矿库堆满之后,闭库治理工作相对滞后,尤其是经济高速发展时期,对尾矿库的闭库重视程度相对不足,无主或企业破产停用的尾矿库因维护不善或者未履行闭库程序而导致的尾矿库环境及安全事故时有发生。

贵州省截至2022年共有尾矿库96座(在排尾与在回采23座,在建2座,停产停建41座,已闭库30座)。从贵州省全域尾矿库数量分布来看,贵阳市有尾矿库9座,遵义市有尾矿库8座,六盘水市有尾矿库1座,安顺市有尾矿库6座,毕节市有尾矿库6座,铜仁市有尾矿库12座,黔东南州有尾矿库5座,黔南州有尾矿库36座,黔西南州有尾矿库13座。从贵州省全域尾矿库储存的尾矿类型来看,贵阳市的尾矿库主要是重晶石尾矿库、赤泥库、磷石膏尾矿库、石灰石矿尾矿库,遵义市的尾矿库主要是汞矿尾矿库、重晶石尾矿库、赤泥库、硫铁矿尾矿库,铜仁市的尾矿库主要是汞矿尾矿库、铅锌矿尾矿库,六盘水市的尾矿库主要是铅锌矿尾矿库,黔南州的尾矿库主要是锌矿尾矿库、重晶石尾矿库、磷矿尾矿库、铁矿尾矿库,黔东南州的尾矿库主要是铅锌矿尾矿库,黔西南州的尾矿库主要是汞矿尾矿库、重晶石尾矿库、赤泥库、硫铁矿尾矿库。从尾矿库的等别上看,贵州省矿山企业尾矿库85%以上为四等库及五等库,其中五等库约占贵州省尾矿库总数的63.5%。从贵州省全域近期需要闭库的尾矿库来看,主要为汞矿尾矿库、铅锌矿尾矿库及硫铁矿尾矿库。故本书选取汞矿尾矿库(四等库)、硫铁矿尾矿库(五等库)及铅锌矿尾矿库(五等库)的闭库治理工程为主要研究对象。

本书选定研究对象后,从尾矿库的尾矿特性等数据资料及现场勘察情况入手,对拟闭库尾矿库进行闭库前的安全评价以分析其安全缺陷,由此制订尾矿库闭库治理方案,并采用理论分析、数值模拟及数值计算等研究方法,对采用闭库治理技术后的尾矿坝体的稳定性以及库区排洪构筑物泄洪能力进行分析及预测。本书的研究成果可以为国内类似的尾矿库闭库工程的治理及闭库后的安全管理和安全风险控制提供一定的技术支撑和参考价值。

本书共分为9章,第1章简单介绍了尾矿库的分类及尾矿设施的重要性,国内外尾矿库闭库的研究现状及研究方法,以及本书的研究目的、主要内容及技术路线;第2章介绍了对象尾矿库的工程勘察情况;第3章介绍了对象尾矿库的现场调查情况并总结了尾矿库的主要安全隐患;第4章分析了尾矿库的主要危险有害因素,明确了尾矿库闭库治理范围及主要内容;第5章主要介绍了闭库尾矿库坝体及库面治理技术,并采用岩土边坡软件对坝体稳定性进行复核计算;第6章主要介绍了闭库尾矿库排洪排水系统治理技术,并采用理论计算对排洪排水系统进行复核计算;第7章主要介绍了尾矿库闭库后安全风险的工程控制措施;第8章对尾矿库工程施工提出要求,并提出了尾矿库闭库后的安全管理建议;第9章对本书研究成果以及闭库治理时存在的问题进行了简要的总结,也为将来的研究给出了参考建议。

本书得到了贵州省科技基金重点项目《关于高级氧化-碱湿法预处理技术在微细浸染型原生金矿中的作用机理及应用》(合同编号:黔科合基础〔2017〕1404)的资助,编写过程中也得到了贵州创新矿冶工程开发有限责任公司和贵州开程岩土工程有限公司的大力支持,以及夏登玺高级工程师、尹智雄高级工程师、陈亮云工程师的帮助,在此表示衷心的感谢!

由于作者水平有限,书中不妥或疏漏之处在所难免,恳请读者批评指正。

著　者

2023 年 11 月

目　录

第1章 绪 论

1.1 概 论

1.1.1 尾矿库的特点

1)尾矿库是保证矿山持续生产的重要设施

为了保护矿山的环境、节约水资源,矿山企业必须设有完善的尾矿库用以储存尾矿、尾渣或者废石。我国很多原材料的来源是矿石,尾矿库作为堆存尾矿的设施是矿山不可缺少的生产设施,随着我国对矿产资源的需求不断增大,尾矿库在一定范围内还会长期存在。

2)尾矿库是重要的环境污染源

尾矿库内储存的尾矿和水都是可能对环境造成重要影响的污染物,若得不到妥善的处理,则必然会对矿山的周围环境造成严重的污染,因此尾矿库是重要的环境污染源之一。

3)尾矿库是矿山企业较大的危险源

尾矿库是一个具有高势能且是人造的泥石流危险源。在尾矿库存在的长达十多年甚至数十年的时间里,矿区内各种自然或者人为的不利因素都直接威胁着尾矿库的安全。已有的事实一再表明,假如尾矿库失事,必定会对下游人民的生命财产安全造成重大威胁。

1.1.2 尾矿库事故的危害性

案例一:2007 年 5 月 18 日,位于山西省忻州市繁峙县的山西宝山矿业有限公司尾矿库发生溃坝事故,该企业尾矿库设计库容 540 万 m^3,设计坝高 100 m。库内近 100 万 m^3 的尾矿持续下泄近 30 h,造成下游太原钢铁(集团)有限公司峨口铁矿铁路专用线桥梁、变电站及部分工业设施被毁,繁(峙)五(台)线交通公路被迫中断,近 500 亩(1 亩≈666.67 m^2)农田被淹,峨河、滹沱河河道堵塞。

案例二:2008 年 9 月 8 日,位于山西省临汾市襄汾县的山西新塔矿业有限公司新塔矿区 980 平硐尾矿库发生特别重大溃坝事故。事故泄容量 26.8 万 m^3,过泥面积 30.2 hm^2,波及下游 500 m 左右的矿区办公楼、集贸市场和部分民宅,造成 277 人死亡、4 人失踪、33 人受伤,直接经济损失达 9 619.2 万元。

1.2 尾矿库分类

1.2.1 尾矿库类型

1)按地形条件和建筑方式分

尾矿库是临时或者永久储存矿山企业尾矿的场所,按照地形条件和建筑方式,尾矿库常常分为山谷型、傍山型、平地型和截河型 4 种类型,如图 1.1 所示。

(1)山谷型尾矿库

山谷型尾矿库由封闭河谷口而成。此类尾矿库的好处是尾矿坝坝身相对较短,建设初期坝的工程量较小,在尾矿库生产期内采用尾矿进行堆坝也相对比较容易。但缺点也比较明显,由于库内积水面积大,流入尾矿库的洪水量也相对较大,使排水构筑物的建设变得复杂。

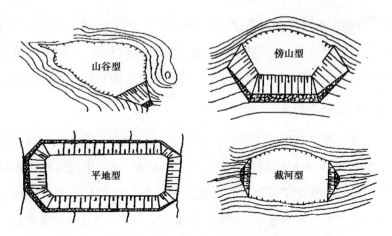

图 1.1　山谷型、傍山型、平地型、截河型尾矿库示意图

（2）傍山型尾矿库

傍山型尾矿库是在山坡脚下依傍山坡三面筑坝围成的尾矿库。它的主要特点是建设期初期坝较长，后期堆积坝工作量较大，尾矿堆积坝的总坝高有一定的限制；尾矿库区的汇水面积较小，尾矿库的排洪排水建设相对比较容易解决。鉴于尾矿库库内的水面面积一般偏小，尾矿库的尾水澄清条件比较差，目前国内矿山企业采用此种类型尾矿库的比较少，并且该类型尾矿库后期的安全管理及日常维护也较复杂。

（3）平地型尾矿库

平地型尾矿库是在较平坦地段四面建设坝而成的。此类尾矿库的优点是积水面积相对较小，尾矿库的排水构筑物可以做到相对简单。但是缺点也比较突出，尾矿库需要在四面进行筑坝，坝身较长，建设初期坝的工程量比较大，而且在生产期间日常操作及安全管理均不方便。这类尾矿库一般是在当地缺乏适当的河谷、河滩、坡地或在上述两类尾矿库都不合适时才考虑采用，国内较少采用。

（4）截河型尾矿库

截河型尾矿库是截断河谷后在上下游两端筑坝而成的尾矿库。该库的主要特点是尾矿堆积坝从上下游两个方向向中间进行，堆积坝的高度受到一定限制;尾矿库内的汇水面积不大,但库外上游的汇水面积一般较大,尾矿库内及库上游都需要设置排洪系统,排洪构筑物配置相对比较复杂,尾矿库建设规模也较大。相较山谷型尾矿库而言,截河型尾矿库安全管理及日常维护都更复杂。

2)根据尾矿筑坝方法分

当尾矿库初期坝体完成建设后,尾矿的常规排放方式有干式排放和湿式排放,湿式排放的尾矿库根据筑坝方式分为上游式尾矿库、中线式尾矿库和下游式尾矿库。干式排放尾矿是选矿厂排出的尾矿浆体经过厂内或厂外脱水处理后符合干式堆存要求的含水率较低的固态尾矿,一般采用在尾矿库内临时堆存处摊平、晾晒后,通过库前、库尾、库中、周边排矿等方式排矿,总的来说,都是在尾矿库内由机械压实后,由下至上堆存,国内目前的干式排放的尾矿库基本上也属于上游式尾矿库。

(1)上游式尾矿库

干式或者湿式排放的尾矿库在初期坝上游方向采用堆积尾矿的筑坝方式。此类尾矿库的主要特点是堆积坝的坝顶轴线向初期坝的上游方向逐级推移,故称上游式尾矿库,如图1.2所示。

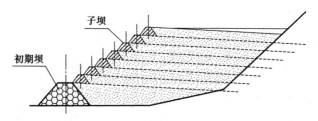

图1.2　上游式尾矿库示意图

(2)中线式尾矿库

中线式尾矿库采用在初期坝的轴线处用旋流器等分离设备所分离出的粗尾砂进行堆坝的筑坝方式,该尾矿库的主要特征是尾矿堆积坝的坝顶轴线一直保持不变,如图1.3所示。

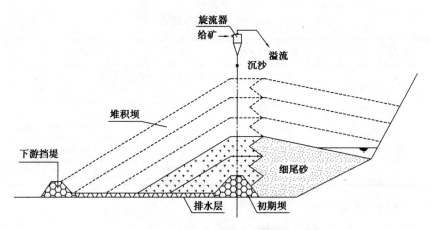

图 1.3　中线式尾矿库示意图

（3）下游式尾矿库

　　下游式尾矿库采用在初期坝的下游方向用旋流器等分离设备所分离出的粗尾砂进行堆坝的筑坝方式。该尾矿库的主要特征是尾矿堆积坝的坝顶轴线向初期坝下游方向逐级推移，如图 1.4 所示。

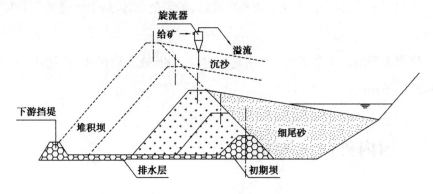

图 1.4　下游式尾矿库示意图

1.2.2　尾矿库等别

　　尾矿库的等别根据其总库容的大小和坝高分为五等，具体见表 1.1。

表 1.1　尾矿库等别表

等别	总库容 V/万 m³	坝高 H/m
一	二等库具备提高等别条件者	
二	$V \geqslant 10\,000$	$H \geqslant 100$
三	$1\,000 \leqslant V < 10\,000$	$60 \leqslant H < 100$
四	$100 \leqslant V < 1\,000$	$30 \leqslant H < 60$
五	$V < 100$	$H < 30$

注:①库容是指校核洪水位以下尾矿库的容积;

　②坝高是指尾矿堆积标高与初期坝轴线处坝底标高的高差;

　③坝高与库容分级指标分属不同的等别时,以其中高的等别为准,当等差大于或等于两个等别时可

　　降低一等。

具备下列情况之一者,按表 1.1 确定的尾矿库等别可提高一等:

①当尾矿库失事时,将使下游重要城镇、工矿企业、铁路干线遭受严重的灾害者;

②当工程地质及水文条件特别复杂时,经地基处理后尚认为不彻底者(防洪标准不予提高)。

1.3　国内外研究现状

1.3.1　国内外尾矿库建设标准差异

在我国,尾矿库的建设标准基本上为国家强制性标准,主要包括设计规范、安全规程、施工规范等,强制性标准编制的原则是保障人身健康和生命财产安全、国家安全、生态环境安全并满足社会经济管理的基本要求,注重尾矿库的本质安全,因此在涉及尾矿库安全设施(如尾矿坝、排洪设施、排渗设施等)的设

计、施工和运行管理、闭库过程中,均存在需要遵守的强制性要求。

不同于我国尾矿库建设的国家强制性标准,国外尾矿设施的建设标准大多为指南或导引。国外尾矿库建设往往参照和采用一些矿业发达国家(如澳大利亚、加拿大等)或国际组织所编制的尾矿库建设标准和指南。多数指南从尾矿库事故和尾矿沉积规律研究入手,归纳总结尾矿设施建设各阶段(包括规划、设计、施工、运行、闭库和复垦等阶段)的基本规律、注意事项和管理要求。这些指南不是规范,而是为相关从业人员提供的操作指导,强制性条文较少。在实际应用过程中,工程师需要发挥自己的专业特长和判断力,对每一个具体的尾矿库工程项目,有针对性地根据实际情况谨慎采用。

1)尾矿库寿命定义

目前,我国现行标准中不存在尾矿库寿命这个定义。我国的尾矿库达到设计服务年限后,按照标准需要在一年内完成闭库;尾矿库在闭库设计、施工、竣工验收合格后需要按照相关规定及时进行销号,销号后的尾矿库不允许再使用,各级政府主管部门(应急管理部门)不再对其进行监管。

国外标准中尾矿库闭库复垦后没有要求进行销号处理,而是提出了"尾矿库寿命"这个概念,通常这个时间非常长或可能是"永久的"。如澳大利亚标准综合美国、欧盟等国家和地区的标准,将尾矿库寿命定义为 1 000 年。

2)尾矿库等别定义

在我国标准中,尾矿库等别根据尾矿库的库容及坝高两个因素来确定,共分为五等。当库容和坝高分别确定的尾矿库等别的等差为一等时,以高者为准。当等差大于一等时,按高者降一等确定。

此外,我国标准中对尾矿库等别的确定还考虑了尾矿库失事后的影响程度,对于失事后可能会导致下游重要城镇、工矿企业、铁路干线或高速公路等遭受严重灾害的尾矿库,经充分论证后,其等别可提高一等。

在澳大利亚、加拿大等矿业发达国家的标准中,尾矿库等别通过风险评估工具评估尾矿坝失事产生的影响来确定,通常由尾矿库的监管方、投资方、承建方通过协商(或根据尾矿库对社区及周边环境的影响评价)来确定尾矿库的影响及影响权重。尾矿库的影响通常包括:周边环境影响(包括范围、程度及持续时间)、社区安全影响、经济损失、社会公众影响等。咨询单位通过模拟典型尾矿库事故(如渗透破坏、溃坝等),分析尾矿库失事造成的各种影响的程度,综合确定尾矿库的风险等级。当然在所有影响中,人身安全是最重要的考虑权重。风险等级分为:风险程度低(Low)、风险程度高(High,从 High C 至 High A 逐渐升高)、风险程度极端高(Extreme)。对比中外标准可知,我国标准中尾矿库等别的确定更关注尾矿库工程本身的安全性,强调尾矿库的本质安全,尾矿库库容越大,坝高越高,失事后的影响就越大,因此等别就越高。澳大利亚等国的标准中,尾矿库等别的确定从多角度考虑,采用风险评估工具(如事故树等),通过分析尾矿库产生的各种影响的程度(权重),综合确定尾矿库等别。

3)尾矿库防排洪

在我国标准中,尾矿库的防洪标准根据等别、库容、坝高、使用年限及可能对下游造成的危害等因素来确定。尾矿库等别越高,防洪标准越高。同时,从尾矿库本质安全考虑,规定尾矿库必须设置排洪设施。此外,对排洪设施的型式也有具体要求:除库尾排矿的干式尾矿库外,三等及三等以上的尾矿库不得采用截洪沟排洪。同时规定尾矿库的一次洪水排出时间应小于 72 h,保证有足够的调洪库容来容纳下一次洪水。

对于防洪标准的确定,如澳大利亚标准与我国标准相似,都是根据尾矿库等别来确定的。对于排洪设施的设置,国外标准规定只要尾矿库留有足够的调洪库容,设计洪水可以存蓄于库内,不一次排出,通过水平衡计算分析逐渐消耗。在尾矿库运行期间可不设置排洪设施,尽量减少尾矿库外排水对环境的影响;尾矿库闭库复垦后再设置溢洪道等排洪设施,确保在没有足够调洪库容时和不回水后尾矿库的运行安全。此外,由于增加了复垦措施,尾矿库的外排水对环境的影响将大大减小。

我国标准更为注重尾矿库的本质安全,要求设计洪水及时排出库外,以保证尾矿库的运行安全,因为一旦发生安全事故将引起更为严重的环境影响;而国外标准更为注重尾矿库外排水对周边环境的影响,要求尽量通过水平衡管理减少洪水外排量,通过回水、蒸发等措施逐步消耗洪水。

4)尾矿库闭库流程

以澳大利亚为例,澳大利亚的尾矿库闭库是在尾矿库全生命周期的前期阶段即开始进行评估,作为初始项目开发的一部分,包含在项目可行性的经济、社会和环境分析中。闭库计划是动态管理计划,随着项目开发、设计、建设、运营等过程进行定期审查和更新。尾矿库闭库计划主要解决最终地貌及与坝体和库区几何关系,土方工程规划和施工,尾矿覆盖类型,极端环境可能造成的后果(干旱、洪水、火灾、地震),结构、岩土完整性等问题,以保证尾矿库闭库后,尾矿库坝体可以应对设计年限延长期间遇到的潜在风险。澳大利亚尾矿库延长时间可能是 10 000 年或更长。

我国尾矿库闭库前需委托具有相应安全评价资质的安全评价机构进行包括尾矿坝现状以及尾矿库防洪能力等内容在内的安全现状评价。安全现状评价结束后,再委托相关具有矿山设计资质的设计单位进行尾矿库闭库设计。闭库前安全评价和闭库设计均在闭库前 1 年进行。我国尾矿库闭库设计主要包括尾矿坝治理和排洪系统治理,以确保尾矿库防洪能力和尾矿坝稳定性满足相关规定要求,维持尾矿库闭库后长期安全稳定。

1.3.2　我国尾矿库闭库存在的问题

尾矿库闭库治理工程涉及工程勘察、闭库前安全评价、闭库设计、施工、监理、竣工验收以及闭库后库区的综合利用等。我国的尾矿库由于建设时情况各异,故需要根据不同尾矿库现状采取相应的闭库治理措施。

1)尾矿库在初始建设时安全标准较低

在我国,有的尾矿库因建设时间早,设计的安全防护等级低;或者建设方对设计不重视,未按照要求做新建尾矿库的设计;又或者施工方未严格按照设计施工⋯⋯这些都会导致建成后的尾矿库安全防护等级偏低,闭库尾矿库的安全性偏低。届时就需要区分不同的具体情况重新校核设计等级,如洪水设防、尾矿坝等。

2)闭库工程勘察全面性、准确性不足

我国尾矿库在运行期可能存在运行管理不到位、洪水冲刷损坏、自然沉降导致排水、排渗构筑物局部损伤、尾矿库内浮选药剂对构筑物的腐蚀等,尤其是隐蔽工程在现状勘察条件下,无法准确、全面判定尾矿库现有排水、排渗构筑物的有效程度。在闭库时就需要对其进行加固处理,但存在隐蔽工程加固过程工程量过大的问题。

3)尾矿库闭库后安全管理不甚明确

《尾矿库安全监督管理规定》《尾矿库安全规程》等规范对尾矿库的闭库设计及闭库工程施工情况均提出了明确要求。例如,《尾矿库安全监督管理规定》要求,尾矿库运行到设计最终标高或不再进行排尾作业的,应当在一年内完成闭库。特殊情况下不能按期完成闭库的,企业应当报经当地的安全生产监督管理部门同意后方可延期,但延长期限最长不得超过 6 个月。一般情况下尾矿库闭库工作及闭库后的安全管理由原生产经营单位负责。对解散或者关闭破产的生产经营单位,其已关闭或者废弃的尾矿库的管理工作,由生产经营单位出资人或其上级主管单位负责;无上级主管单位或者出资人不明确的,由安全生产监督管理部门提请县级以上人民政府指定管理单位。《尾矿库安全规程》要求,尾矿库闭库后,正常情况下库内不应存水。但所有现行部门规章、规范及标准主要的侧重点均在尾矿库运行期,闭库后尾矿库相关运行参数的监测频率、控制要求等没有明确。在这种情况下,如果尾矿库闭库治理时采取了安全监测措施,那么这些措施该如何有效运行,如何有效落实,事实上目前无具体的指导标准。这就要求相关责任方对闭库治理过程中的这些关键环节予以足够重视。

1.4 尾矿库闭库治理的研究方法

1.4.1 闭库尾矿库尾矿坝稳定性研究的常用方法

1)物理模型试验研究

尾矿堆积坝坝体的结构组成信息是进行尾矿坝稳定性分析的基础。对于闭库的尾矿库,常常通过对尾矿库现场的工程地质勘探来揭示尾矿坝的结构组成、尾矿的沉积及分布规律等信息。但是由于影响尾矿库的因素很多,并且尾矿库不同筑坝方式对坝体的结构有直接的影响,因此物理模型试验的研究手段目前在我国也用于尾矿库工程的相关领域。

物理模型试验是一种按照事物原型,用不同比尺(包括缩小、放大及等尺寸)构建模型,对工程问题或现象进行研究的重要的科学方法。其因可以再现原型的各种现象与问题,可人为控制试验条件与参量,可简化试验、缩短研究周期以及促使人们能从物理角度理解现象、解决和解释问题等,而备受各学科研究人员的青睐。尤其在许多工程领域中,常常需要将原型缩小、构建物理模型去揭示和分析现象的本质和机理,以验证理论和解决工程实际问题。

2)尾矿坝的稳定性计算与评价方法

当前,尾矿库的稳定性计算以及分析的方法主要分为两大类,即极限平衡分析法和数值分析法,而在应用上,数值分析法目前在理论上的探讨与分析比较多,在尾矿库工程实践中经常使用的还是极限平衡分析法。

(1)极限平衡分析法

极限平衡分析法是当前比较常用的一种定量的分析方法,它通过分析在临近破坏状况下,岩土体外力与内部所提供的抗力之间的静力平衡,根据莫尔-库仑定律计算出岩土体在自身和外荷载作用下的边坡稳定性,通常以稳定系数来表达工程的稳定程度。其基本特点是只考虑静力平衡条件和土的莫尔-库仑定律,也就是说通过分析土体在破坏瞬间的力的平衡来求得问题的解。由于大多数情况下问题是不静定的,在极限平衡方法中,引入一些简化假定使问题变得静定可解,这种处理对计算结果的精度影响并不大,而带来的好处是分析计算工作大为简化。由于该方法具有模型简单、计算公式简洁、可以解决各种复杂剖面形状和能考虑各种加载形式等优点,在工程中获得了广泛应用。目前,极限平衡分析法有多种形式,如瑞典圆弧法、Fellenius 法、Bishop 法、Jaubu 法、Morgenstern-Prince 法、Spencer 法、不平衡推力法和 Sarma 法等。

在尾矿坝的稳定性分析中,较多采用瑞典圆弧法和 Bishop 法。有学者曾经利用 Janbu 法对一个垮塌后重建的尾矿坝的稳定性进行了分析计算,为该尾矿库的重建提供了依据。目前,极限平衡分析法作为一种简单实用的计算方法,已被广大科技工作者所使用。

(2)数值分析法

数值分析法已成为尾矿坝稳定性分析与研究较为普遍的方法。目前,常用于尾矿坝稳定性分析的数值分析方法有有限单元法(FEM)、离散单元法(DEM)等。随着数值分析方法的发展,不连续变形分析法(DDA)、无单元法、边界元法(BEM)、无界元(IDEM)、流形元法、遗传进化算法及人工神经网络评价法等也在尾矿库(坝)的稳定性分析中得到应用。

有限单元法是把一个实际的结构物或连续体用一种由多个彼此相联系的单元体所组成的近似等价物理模型来代替,通过结构及连续介质力学的基本原理及单元的物理特性,建立表征力和位移关系的方程组,解方程组求其基本未知物理量,并由此求得各单元的应力、应变及其他辅助量值。

1.4.2　闭库尾矿库防洪的研究方法

闭库尾矿库已经失去蓄水功能,因此在闭库治理时进行洪水计算是保证尾矿库闭库后防洪安全的必需过程。如果经计算,尾矿库汇水面积相对比较小,如一般在 20 km² 以内的,均属特小流域范围。在水利行业,针对缺乏水文资料的小流域地区,由设计暴雨推求洪水过程线的方法主要包括推理公式法、单位线法、经验公式法等。针对特小流域的尾矿库,目前国内在汇流区洪水计算应用比较成熟的是简化推理公式法。

简化推理公式法是在假定流域产流强度在时间、空间上都均匀的基础上,经过线性汇流推导得到的,由于该方法的结构形式简单,目前已成为尾矿库洪水计算中应用最广泛的方法之一,也是本书所采用的方法。

1.5 研究目的、内容和技术路线

1.5.1 研究目的

随着矿山开发的不断进行,目前在役的尾矿库日益临近满库或临近生命周期末期,尾矿库闭库治理工作已成为我国设置有尾矿库的矿山当前亟待解决的问题。本书以开展闭库工作的典型尾矿库(汞矿尾矿库、铅锌矿尾矿库及硫铁矿尾矿库)工程为研究对象,对尾矿库闭库全过程采取的闭库治理技术及闭库治理方案的可行性及实用性进行分析,为尾矿库闭库治理工程提供一套完整的闭库治理体系,也为贵州省及国内其他类似矿山的尾矿库闭库工作提供一定的借鉴及参考。

1.5.2 研究内容

本书以贵州省 4 个典型尾矿库[1 个汞矿尾矿库(四等尾矿库)、2 个铅锌矿尾矿库(均为五等尾矿库)及 1 个硫铁矿尾矿库(五等尾矿库)]的实际闭库治理技术为研究背景,从闭库治理技术及闭库治理方案的可行性和实用性的角度出发,首先采用理论分析与现场勘查方法,结合对象尾矿库在闭库前进行的安全评价,采取理论分析、数值模拟及理论计算的方法,针对闭库尾矿库的初期坝体及后期坝体的稳定性进行复核计算并分析。然后对闭库尾矿库排水构筑物进行排洪能力复核,对尾矿库现阶段存在的安全缺陷进行治理。最后对闭库尾矿库进行安全监测设施及复绿治理设计。本书可为矿山企业确定及评估尾矿库闭库治理方案、尾矿库闭库后安全风险控制及管理等方面的决策提供可靠的技术支撑。本书的主要研究内容是:

①针对尾矿库在闭库前工程勘察得到的尾矿分类及尾矿的物理力学性质,结合该尾矿库建设期间的勘察报告,对尾矿库的勘察成果进行综述与分析,为后续的复核计算提供基础参数。

②通过现场查勘调查、危险有害因素分析,结合闭库评价,查明尾矿库现状和存在的安全缺陷,明确闭库治理范围及内容。

③根据尾矿库的闭库工程地质勘探取得的数据以及国内现行规程、规范和相关标准,采取理论分析、数值模拟等研究方法,对四等汞矿尾矿库进行渗流分析,并复核计算尾矿坝稳定性,从满足安全稳定的维度判断分析尾矿库闭库后重要设施尾矿坝安全风险;同时,采用理论计算的方法复核并治理尾矿库排洪排水系统的有效性。可为矿山企业小型尾矿库闭库工作提供相关经验。

④根据尾矿库闭库后现场情况,增加了闭库后尾矿库的安全风险控制治理措施,并提出可靠的安全管理对策及相应的治理技术及措施,为尾矿库闭库以后的安全管理提供必要的技术支撑。

1.5.3　研究技术路线

本书选择位于贵州省东部及东南部的 4 个典型尾矿库,采用工程勘察、现场调查、理论分析及数值模拟等方法,对闭库尾矿库进行综合性的研究。主要的技术实施步骤为:

①进行尾矿库闭库前的工程地质勘察、人员的现场勘察以及收集尾矿库现有的所有时期的全部资料(包括建设期及运营期)。

②尾矿库闭库前安全评价,整理并综合分析闭库尾矿库现状缺陷。

③根据尾矿库闭库存在的安全风险,拟订尾矿库闭库治理范围及内容。

④采用数值模拟与极限平衡研究方法,从理论上验证尾矿库闭库治理后尾矿坝的稳定性。

⑤采用以推理公式法为基础的简化推理公式等,复核尾矿库排洪排水系统的有效性,并对存在的安全缺陷进行治理设计。

⑥结合现场情况,完善尾矿库闭库后的风险控制措施,为尾矿库闭库后的安全管理提供技术支撑。

具体的技术路线如图1.5所示。

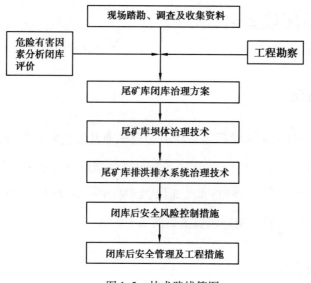

图 1.5 技术路线简图

第2章　闭库尾矿库工程勘察

2.1　滑石乡黄土坡汞矿选矿厂尾矿库自然地理及地质环境条件

2.1.1　位置交通

滑石乡黄土坡汞矿选矿厂是贵州省金鑫矿业开发公司投资开发汞矿而新建的汞矿选冶厂,位于铜仁市北东14°处,行政区划属滑石乡滑石村所辖,地理坐标为东经108°33′33″—108°33′40″,北纬28°09′04″—28°09′13″。有简易公路通往坝(库)区,交通方便。地理位置图如图2.1所示。

2.1.2　气象水文

尾矿库所在流域属亚热带湿润型季风气候,是贵州省最炎热的地区之一,雨量充沛,据铜仁气象站多年观测资料统计,年平均降雨量1 279.4 mm,实测最大一日降水量251 mm(1997-07-01)。降雨时空分布不均,每年4—9月降雨量占全年降雨量的72%左右,其中61%集中在4—6月,1—3月和10—12月的降雨量占全年降雨量的28%,年平均气温17 ℃,极端最高气温42.5 ℃(1953-08-18),极端最低气温-6.8 ℃(1977-01-30),年均日照时数1 115 h,无霜期平均为

290 d,冬、春、秋以东北风较多,夏季盛行偏南风,最大风速 14.5m/s。

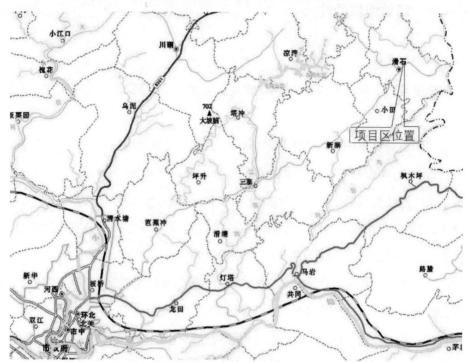

图 2.1　滑石乡黄土坡汞矿选矿厂尾矿库位置图

闭库尾矿库位于冶炼厂东部约 200 m 的沟谷中,坝址以上流域总面积为 0.058 9 km²(其中,左岸截洪沟以上汇水面积 0.014 7 km²,右岸截洪沟以上汇水面积 0.010 5 km²,库内汇水面积 0.033 7 km²)。

2.1.3　地形地貌

尾矿库区地处云贵高原向湘西丘陵过渡的斜坡地带,属构造溶蚀低山丘陵地形地貌,山势平缓,海拔标高 580.20～490.00 m,以缓坡、阶地为主,坡度一般为 8°～29°,区内地势西高东低,最高海拔 580.20 m,最低海拔 490.00 m,相对高差 90.20 m。尾矿坝前缘为冲沟。

2.1.4 场址地质条件

1)地层岩性

根据地表工程地质调查,区内出露地层有第四系、寒武系上统车夫组,岩土组成自上而下为:

第四系素填土(Q^{Hg}):为汞矿砂,灰、灰黑色,湿,结构均一。主要由黏土、黏性岩粉组成,含少量碎石块。厚度为 0~35 m,分布于砂场。

第四系残坡积层(Q^{el+dl}):为黏土、粉质黏土和砂土,上有 0~0.7 m 厚的耕植土,主要分布在沟底及缓坡地带。拟建工程范围内浅表多覆盖有残坡积物,为黄灰色,土质不均,厚度为 0.4~2.7m,分布广。

第四系冲洪积层(Q^{al+Pl}):具二元结构,上部为黄色粉质黏土、砂土组成,下部为砂砾石,结构疏松,主要分布在谷坳河两岸,厚度为 2~5 m。

寒武系上统比条组($\in$3b):上部为浅灰、灰色中晶夹砂屑,顶部为灰色厚层泥晶灰岩,中下部以灰色薄层条带状泥晶灰岩为主,厚度大于 120 m。岩石表面风化裂隙发育,风化后呈碎块状,场区强风化层厚度 3~7 m,7 m 以下为中风化层。

寒武系上统车夫组($\in$3c):上部为灰色薄层泥晶灰岩、深灰色薄层条带状泥晶灰岩互层夹少量灰岩及粉晶;下部为灰色薄层泥晶灰岩、灰色厚层砾屑灰岩及泥晶灰岩。厚度大于 154 m。岩石表面风化裂隙发育,风化后呈碎块状,场区强风化层厚度为 0~0.7 m,0.7 m 以下为中风化层。

2)工程地质简况

据不同岩性组合及其力学性质,区内工程地质岩组可分为硬质岩类工程地质岩组和松散岩类工程地质岩组。

(1)硬质岩类工程地质岩组

灰岩(C_1^q):灰色、深灰色,薄层,中—细晶结构,节理裂隙发育,使其完整性遭受一定程度的破坏,岩层多沿节理面垂直断裂,岩心呈柱状、块状,中风化。分布于整个场区。

（2）松散岩类工程地质岩组

耕植土（Q^{pd}）:褐黄色、褐色,由植物残根及腐殖质、有机质组成,结构松散,分布于调洪库部分,厚度为 0～0.5 m。

素填土（Q^{ml}）:灰色、灰黑色、黄色,由矿砂废石、块石黏土填成,稍密。仅分布于挡墙等部分,厚度为 0～6.3 m。堆填时间约 20 年。

杂填土（Q^{ml}）:黑色、褐灰色,由建筑垃圾、生活垃圾、碎石、块石等填成,结构松散,仅于调洪库揭露,厚度为 0～9.2 m。

砾砂（Q^{al+pl}）:灰色、深灰色、褐黄色,由矿石废砂、冲洪积物组成,结构松散。仅分布于调洪库部分,厚度为 0～4.20 m。

红黏土（Q^{dl+el}）:黄色、褐黄色,质纯、细腻、湿,多呈硬塑、可塑状。分布于挡墙及调洪库部分,厚度为 0～0.48 m。

3）地质构造及地震

（1）地质构造

该区大地构造位置处于扬子陆块之黔北台隆的东缘,次级构造为印江早古陷褶断束的东缘,梵净山穹状背斜东部。次级构造较发育,有褶皱和断层。褶皱有断桥背斜（轴向总体走向 142°,两翼岩层倾角 8°～9°,出露地层为寒武系上统比条组,走向延伸大于 600 m）,滑石背斜（轴线总体走向 127°,两翼岩层倾角 5°～12°,出露地层为寒武系上统车夫组,走向延伸大于 500 m）。断层主要为 F1,走向延伸大于 800 m,走向 83°,倾向北北西,倾角为 45°～73°,为正断层,南盘为寒武系上统比条组,北盘为寒武系上统车夫组,断层破碎带地表不明显。另外还见 F2、F3。F2 分布在 F1 断层南盘,近东西走向,断层面向北倾斜,倾角较陡,地表不明显。F3 断层走向北东,倾向南南东,倾角较缓。ZK4 钻孔 9.2～9.7 m 见角砾岩,角砾为灰岩,大小 0.1～0.3 mm,胶结物为泥质和铁质,胶结性较好。

（2）地震

据调查及现有资料,本区无强地震发生,查《中国地震动参数区划图》(GB 18306—2015)(1:4 000 000),该区地震动峰值加速度小于0.05g,地震动反应谱特征周期小于0.35 s(相应地震基本烈度小于Ⅵ度)。尾矿库库区内只发育有规模较小的F断层,而无活断层发育和通过,区域构造稳定性较好。

4）水文地质条件

区内地下水类型主要为松散岩类孔隙水和岩溶水。

（1）松散岩类孔隙水

松散岩类孔隙水分布在第四系残坡积层和冲洪积层中,岩性主要为黏土、粉质黏土,少数地段为砂土及碎石土,其结构疏松,透水性强。含水层薄,水位埋藏浅,地下水受气候影响明显,属季节性含水层,库区内未见泉点出露。

（2）岩溶水

岩溶水主要分布在寒武系上统比条组和寒武系上统车夫组地层中,地表岩溶不发育,仅局部见小的溶蚀孔洞,库区微裂隙较发育。库区地表无常流水。

场区内无地下水出露地表,位于当地最低侵蚀基准面之上。本区大气降水大部分呈径流向沟谷、低洼处排泄,部分沿地表裂隙及孔隙渗透。水文地质条件较简单。

5）地质灾害及不良地质作用

尾矿库区位于山沟中,库区形态呈舌状,长轴长150 m,短轴平面上平均宽75 m,纵向上平均宽60 m,库岸坡度为25°~60°,库岸山坡上植被一般,场区无崩塌、滑坡、泥石流、岩溶等不良地质现象,岩石结构较致密。库区稳定性较好。

库区内无矿产、文物古迹、珍稀野生动植物分布,无掩埋损失。

6）岩土物理力学参数

尾矿砂物理力学性质如表2.1所示。

表 2.1　尾矿砂的平均物理力学指标

项目	尾粉砂	尾粉土	尾粉质黏土	尾黏土
平均粒径 d_p/mm	0.076	0.030	0.032	0.010
有效粒径 d_{10}/mm	0.020	0.010	0.002	0.001
不均匀系数 (d_{60}/d_{10})	5	4	5	5
天然容重 γ/(kN·cm^{-3})	15.0	18.7	19.0	18.0
孔隙比 e	0.90	0.95	1.00	1.30
内摩擦角 φ/(°)	26	24	17	10
黏聚力 c/kPa	9.75	9.75	9.78	11.62
压缩系数 a_{1-2}/kPa^{-1}	1.6×10^{-4}	2.1×10^{-4}	4.1×10^{-4}	9.1×10^{-4}
渗透系数 k/(cm·s^{-1})	3.75×10^{-4}	1.7×10^{-4}	3×10^{-4}	2×10^{-4}
无缩模量	压缩模量为 3.4～3.7 MPa,平均值为 3.5 MPa			

（1）矿砂样物理力学试验指标

含水量为 15.1%～30.1%,天然容重为 20.0～22.9 kN/cm^3,平均值 21.5 kN/cm^3;比重为 2.84～2.85;孔隙比为 0.458 6～0.853 9,饱和度为 87.4%～100%,饱和容重为 20.2～22.3 kN/cm^3,内摩擦角为 4.7°～6.3°,黏聚力为 16.9～23.9 kPa;内摩擦角(饱和)为 3.5°～4.3°,黏聚力(饱和)为 10.9～13.6 kPa;压缩系数为 0.41～0.47 MPa^{-1},平均值为 0.44 MPa^{-1},压缩模量为 3.4～3.7 MPa,平均值 3.5 MPa;压缩系数(饱和)为 0.48～0.60 MPa^{-1},平均值为 0.54 MPa^{-1},压缩模量(饱和)为 2.8～3.2 MPa,平均值为 3.0 MPa。

（2）坝体及岩土体力学参数

坝基岩土体力学参数如表 2.2 所示。

表 2.2　坝基岩土体力学参数

岩石名称	容重 /(kN·cm^{-3})	承载力 /MPa	摩擦系数 f'	饱和粘聚力 c'/MPa	内摩擦角 φ/(°)	黏聚力 c/kPa
中风化生物灰岩		0.5～0.8	0.40～0.50	0.15～0.25	30	4 500

续表

岩石名称		容重 /(kN·cm^{-3})	承载力 /MPa	摩擦系数 f'	饱和粘聚力 c'/MPa	内摩擦角 φ/(°)	黏聚力 c/kPa
毛石堆石		23.0		0.45	0.0		
矿砂	水上	17.8	0.2~0.3			20~25	50~55
	水下	18.1	0.15~0.25			15~20	45~50
	固结	18.4	0.2~0.3			20~25	50~55
	未固结	17.9	0.15~0.25			15~20	45~50

(3)堆积坝坝体力学参数

①填筑黏土:

· 天然容重 $\gamma_{天然}$ =20.0 kN/cm^3

· 饱和容重 $\gamma_{饱和}$ =20.5 kN/cm^3

· 浮容重 $\gamma_{浮}$ =10.0 kN/cm^3

· 干容重 $\gamma_{干}$ =14.0 kN/cm^3

· 内摩擦角 φ =17°

· 黏聚力 c =20 kPa

· 相对密度 GS =2.70

· 孔隙比 e =1.0

· 渗透系数 k =3×10^{-5} cm/s

②排水棱体:

· 干容重 $\gamma_{干}$ =20.0 kN/cm^3

· 饱和容重 $\gamma_{饱和}$ =20.1 kN/cm^3

· 孔隙比 e =0.3

· 内摩擦角 φ =30°

· 渗透系数 k =1×10^{-2} cm/s

2.2　三都县金阳矿业选矿厂尾矿库自然地理及地质环境条件

2.2.1　位置交通

拟闭库的三都县金阳矿业选矿厂尾矿库位于贵州省三都水族自治县九阡镇石板村,周边有乡村公路经过,交通较为便利。地理位置如图 2.2 所示。

图 2.2　尾矿库地理位置

2.2.2　气象水文

三都水族自治县属于亚热带季风湿润气候,由于地形、地势和地貌以及海拔高度等因素的复杂影响,三都县的气候在地域上有所不同,全县分为温热、温暖、温和 3 个气候区域。全县年平均气温为 18.2 ℃,1 月平均气温为 7.8 ℃,7 月平均气温为 26.6 ℃,极端最高气温为 39.2 ℃,极端最低气温为-3.5 ℃,年总积温为 6 603.1 ℃。境内雨量充沛,年平均降雨量 1 326.1 mm。日照时间少,全年日照时数 1 131.4 h。全年无霜期 326 d,最短 275 d。自然地理气候条件良好。

2.2.3　地形地貌

区内属低山丘陵地区,溶蚀沟谷地貌,总体地势北高南低。尾矿库位于山间冲沟中,呈北西—南东向。库区海拔高程在 630~661 m,两侧为斜坡地,自然地形坡度 20°~45°,多为灌木林地,有乡村公路从库区北西侧经过,交通较为便利,勘察条件较好。

2.2.4　地层岩性

根据钻探揭露,场地岩土体自上而下为素填土、尾矿渣和泥盆系上统独山组(D_{2d})强风化泥岩组成,岩土体特征描述如下:

1)素填土(Q)

素填土主要由黏土回填形成,局部含少量碎石,结构松散,均匀性差,力学性质差,未完成自重固结。

本层顶标高 617.63~642.54 m,层厚 0.40~0.80 m。

2)硬塑尾矿渣(Q)

灰色—灰白色,硬塑状,成分较均匀,主要为铅锌矿矿渣,粒径大于 0.075 mm 的颗粒质量约占总质量的 75%,结构松散。

本层顶标高 635.93~642.04 m,层厚 3.20~5.80 m。

3)可塑尾矿渣(Q)

灰色—灰白色,可塑状,成分较均匀,主要为铅锌矿矿渣,粒径大于 0.075 mm 的颗粒质量约占总质量的 75%,结构松散。

本层顶标高 630.33~638.74 m,层厚 4.40~5.90 m。

4)泥盆系上统独山组(D_{2d})强风化泥岩

深灰色,薄—中厚层状,层状结构,块状构造,节理裂隙发育,岩体破碎,钻进较快,岩芯呈砂状及粉状。

本层埋深 0.70～11.50 m,层顶标高 616.83～634.34 m,该层层厚未揭穿。

根据勘察报告,岩土物理力学参数统计如表 2.3 所示。

表 2.3　岩土物理力学参数统计表

地层编号	地层名称	地基承载力/kPa			压缩模量 E_s/MPa	容重 γ /(kN·m⁻³)	黏聚力 c /kPa	内摩擦角 φ /(°)
		试验值	经验值	推荐值				
①	硬塑尾矿渣	160		160	9.35	19.4	20.706	21.592
②	可塑尾矿渣	130		130		21.3	16.56	17.3
③	强风化泥岩		600	600				

2.2.5　地质构造与地震

库区上覆土层为填土、尾矿渣,下伏基岩为泥盆系上统独山组(D_{2d})灰色薄—中厚层泥岩。岩层产状:倾向220°、倾角15°,根据 1∶50 000 地质图及现场调查,场地无断裂构造通过。

《中国地震动参数区划图》(GB 18306—2015)的资料显示,勘查区所在区域地震基本烈度值等于Ⅵ度,地震动峰值加速度为 0.05g,反应谱特征周期 0.35 s,属稳定区域。

2.2.6　水文地质条件

区域地下水主要为潜水和上层滞水,地下水主要赋存于岩溶裂隙中,地下水的补、径、排条件,除与降水量有成因联系外,与地质构造和地貌,尤其是含水岩组和断裂带密不可分。区域内地下水主要补给源为大气降水,水体的丰沛和枯萎与大气降水的多寡成正比。该地下水径流主要以岩溶裂隙和构造裂隙为通道,以泉、溶洞、暗河等方式进行排泄。地表水总体径流方向自高向低流向地势较低处,并流入河沟。

勘察期间钻孔控制深度内未观测到稳定地下水位,据此推测,场地地下水埋藏较深,对防护措施施工影响小。库内上部尾矿排水较好,下部尾矿由于排水不及时或排水设施老化损坏而长期泡水,含水量较高。金阳尾矿库区域汇水面积较小,约为 $0.07\ km^2$。

2.2.7 场地不良地质作用

库区两侧为山体,未见断裂构造通过,未见滑坡、崩塌、泥石流、采空区、地面沉降、活动断裂、危岩等不良工程地质作用,下伏基岩为强风化泥岩,为硬质工程岩组,场地地基稳定性好,环境地质条件较好。

岩溶:库区主要分布泥盆系上统独山组(D_{2d})强风化泥岩,库区北侧基岩出露,地表溶沟、溶槽、石芽较发育,基岩起伏面大于 2 m,小于 5 m,库区及周围未见落水洞,库区岩溶发育等级为表生岩溶中等发育区。

2.3 三都县金盈矿业选矿厂尾矿库自然地理及地质环境条件

2.3.1 位置交通

三都县金盈矿业选矿厂尾矿库位于贵州省三都水族自治县凤羽街道尧麓村,交通便利。地理位置如图 2.3 所示。

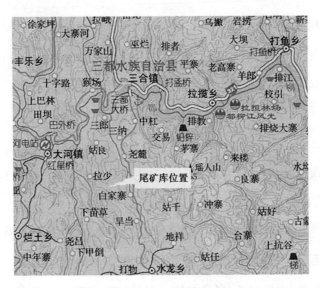

图 2.3　尾矿库地理位置

2.3.2　地形地貌

区内属低山丘陵地区,溶蚀沟谷地貌,总体地势南高北低。尾矿库位于山间冲沟中,呈南西—北东向。库区海拔高程为 407~416 m,两侧为斜坡地,自然地形坡度 25°~45°,多为灌木林地和林地,局部为耕地,有乡村公路从库区西侧经过,交通较为便利,勘察条件较好。

2.3.3　地层岩性

根据钻探揭露,场地岩土体自上而下为尾矿渣、黏土和寒武系上统三都组灰岩组成,岩土体特征描述如下:

1)杂填土(Q)

杂色,主要由黏土及碎石构成,未完成自重固结,结构松散。

本层顶标高 408.32~414.77 m,层厚 1.20~6.60 m。

2）硬塑尾矿渣（Q）

灰色—灰黑色，硬塑状，成分较均匀，主要为硫铁矿矿渣及选矿废石，粒径大于 0.075 mm 的颗粒质量占总质量的比例小于 50%，结构松散。

本层顶标高 410.83 ~ 412.33 m，层厚 3.20 ~ 5.60 m。

3）红黏土（Q）

灰色—灰白色，可塑状，成分较均匀，主要为硫铁矿矿渣，粒径大于 0.075 mm 的颗粒质量约占总质量的 75%，结构松散。

本层埋深 1.20 ~ 5.60 m，层顶标高 405.85 ~ 408.55 m，层厚 2.10 ~ 4.60 m。

4）寒武系上统三都组（∈3s）强风化灰岩

灰白—灰色，中厚层状，层状结构，块状构造，节理裂隙发育，岩体破碎，岩芯呈碎块状或砂状，该层在场地内分布连续。

本层埋深 4.00 ~ 9.80 m，层顶标高 401.78 ~ 408.57 m，该层层厚未揭穿。

根据岩土工程报告，该尾矿库岩土物理力学参数统计如表 2.4 所示。

表 2.4　岩土物理力学参数统计表

地层编号	地层名称	地基承载力/kPa			压缩模量 E_s/MPa	容重 γ /(kN·m^{-3})	黏聚力 c /kPa	内摩擦角 φ /(°)
		试验值	经验值	推荐值				
①	硬塑尾矿渣	147		150	5.62	18.6	24.105	13.787
②	红黏土	140		140	5.6	17.3	32.464	6.614
③	强风化灰岩		1 200	1 200			50	20

2.3.4　地质构造与地震

库区上覆土层为杂填土、尾矿渣、红黏土，下伏基岩为寒武系上统三都组（∈3s）深灰色、灰色薄—中厚层灰岩。岩层产状：倾向 320°、倾角 15°，根据 1∶50 000 地质图及现场调查，场地无断裂构造通过。

《中国地震动参数区划图》(GB 18306—2015)的资料显示,勘查区所在区域地震基本烈度值等于Ⅵ度,地震动峰值加速度为 0.05g,反应谱特征周期 0.35 s,属稳定区域。

2.3.5　水文地质条件

区域地下水主要为潜水和上层滞水,地下水主要赋存于岩溶裂隙中,地下水的补、径、排条件,除与降水量有成因联系,与地质构造和地貌,尤其是清虚洞组和断裂带密不可分。区域内地下水主要补给源为大气降水,水体的丰沛和枯萎与大气降水的多寡成正比。该地下水径流主要以岩溶裂隙和构造裂隙为通道,以泉、溶洞、暗河等方式进行排泄。地表水总体径流方向自高向低流向地势较低处,并流入河沟。

勘察期间钻孔控制深度内未观测到稳定地下水位,据此推测,场地地下水埋藏较深,对基础施工影响小。库内上部尾矿排水较好,下部尾矿由于排水不及时或排水设施老化损坏而长期泡水,含水量较高。金盈尾矿库区域汇水面积较小,约为 0.44 km^2。

2.3.6　场地不良地质作用

库区两侧为山体,未见断裂构造通过,未见滑坡、崩塌、泥石流、采空区、地面沉降、活动断裂、危岩等不良工程地质作用,下伏基岩为中风化灰岩,为硬质工程岩组,场地地基稳定性好,环境地质条件较好。

岩溶:库区主要分布寒武系上统三都组(∈3s)强风化灰岩,库区附近未见基岩出露,地表溶沟、溶槽、石芽较发育,基岩起伏面大于 2 m,小于 5 m,库区及周围未见落水洞,库区岩溶发育等级为表生岩溶中等发育区。

2.4 三都县恒通铅锌选矿厂尾矿库自然地理及地质环境条件

2.4.1 位置交通

拟闭库的三都县恒通铅锌选矿厂尾矿库位于贵州省三都水族自治县九阡镇石板村,周边有乡村公路经过,交通较为便利。地理位置见图2.4。

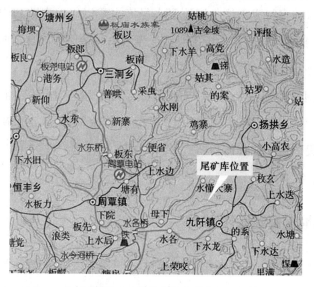

图 2.4 尾矿库地理位置

2.4.2 地形地貌

区内属低山丘陵地区,溶蚀沟谷地貌,总体地势北高南低。尾矿库位于山间冲沟中,呈北西—南东向。库区海拔高程为720~696 m,两侧为斜坡地,自然地形坡度为20°~45°,多为灌木林地,有乡村公路从库区北西侧经过,交通较为便利,勘察条件较好。

2.4.3　地层岩性

场地岩土体自上而下为素填土、尾矿渣和泥盆系上统独山组（D_{2d}）强风化泥岩组成,岩土体特征描述如下：

1）素填土（Q）

素填土主要由黏土回填形成,局部含少量碎石,结构松散,均匀性差,力学性质差,未完成自重固结。

本层顶标高 689.53～702.53 m,层厚 0.40～1.20 m。

2）硬塑尾矿渣（Q）

灰色—灰白色,硬塑状,成分较均匀,主要为铅锌矿矿渣,粒径大于 0.075 mm 的颗粒质量约占总质量的75%,结构松散。

本层顶标高 700.84～702.13 m,层厚 3.00～5.20 m。

3）可塑尾矿渣（Q）

灰色—灰白色,可塑状,成分较均匀,主要为铅锌矿矿渣,粒径大于 0.075 mm 的颗粒质量约占总质量的75%,结构松散。

本层顶标高 695.64～698.92 m,层厚 3.30～5.30 m。

4）泥盆系上统独山组（D_{2d}）强风化泥岩

深灰色,薄—中厚层状,层状结构,块状构造,节理裂隙发育,岩体破碎,钻进较快,岩芯呈砂状及粉状。

本层埋深 0.80～10.80 m,层顶标高 688.73～694.76 m,该层层厚未揭穿。

尾矿库的岩土物理力学参数统计如表 2.5 所示。

表 2.5　岩土物理力学参数统计表

地层编号	地层名称	地基承载力/kPa			压缩模量 E_s/MPa	容重 γ /(kN·m⁻³)	黏聚力 c /kPa	内摩擦角 φ /(°)
		试验值	经验值	推荐值				
①	硬塑尾矿渣	189		190	10.2	19.3	23.474	21.376
②	可塑尾矿渣	150		150		21.3	18.78	17.1
③	强风化泥岩		600	600				

2.4.4　地质构造与地震

库区上覆土层为填土、尾矿渣,下伏基岩为泥盆系上统独山组(D_{2d})灰色薄—中厚层泥岩。岩层产状:倾向220°、倾角15°,根据1∶50 000地质图及现场调查,场地无断裂构造通过。

《中国地震动参数区划图》(GB 18306—2015)的资料显示,勘察区所在区域地震基本烈度值等于Ⅵ度,地震动峰加速度为0.05g,反应谱特征周期0.35 s,属稳定区域。

2.4.5　水文地质条件

区域地下水主要为潜水和上层滞水,地下水主要赋存于岩溶裂隙中,地下水的补、径、排条件,除与降水量有成因联系,与地质构造和地貌,尤其是含水岩组和断裂带密不可分。区域内地下水主要补给源为大气降水,水体的丰沛和枯萎与大气降水的多寡成正比。该地下水径流主要以岩溶裂隙和构造裂隙为通道,以泉、溶洞、暗河等方式进行排泄。地表水总体径流方向自高向低流向地势较低处,并流入河沟。

勘察期间钻孔控制深度内未观测到稳定地下水位,据此推测,场地地下水埋藏较深,对防护措施施工影响小。库内上部尾矿排水较好,下部尾矿由于排水不及时或排水设施老化损坏而长期泡水,含水量较高。恒通铅锌尾矿库区域汇水面积较小,约为 0.1 km²。

2.4.6　场地不良地质作用

库区两侧为山体,未见断裂构造通过,未见滑坡、崩塌、泥石流、采空区、地面沉降、活动断裂、危岩等不良工程地质作用,下伏基岩为强风化泥岩,为硬质工程岩组,场地地基稳定性好,环境地质条件较好。

岩溶:库区主要分布泥盆系上统独山组(D_{2d})强风化泥岩,库区北侧基岩出露,地表溶沟、溶槽、石芽较发育,基岩起伏面大于 2 m,小于 5 m,库区及周围未见落水洞,库区岩溶发育等级为表生岩溶中等发育区。

2.5　本章小结

本章主要介绍了 4 个拟闭库的汞矿尾矿库、铅锌矿尾矿库及硫铁矿尾矿库的自然条件、工程地质以及水文地质条件,目的是为下一步的闭库治理方案及措施的制订提供基础参数。

第 3 章 尾矿库闭库前现状调查

3.1 滑石乡黄土坡汞矿选矿厂尾矿库闭库前现状调查

3.1.1 尾矿库现状

滑石乡黄土坡汞矿选矿厂的尾矿主要为选矿工段产生的汞尾矿,尾矿库区位于选矿厂东部约 200 m 的沟谷中,该尾矿库地势低于选矿厂,始建于 2006 年,初始设计库容为 20.5 万 m^3。该库于 2012 年建造了后期堆积坝,总库容达到 29.2 万 m^3,运行期间未出现安全问题,现库容已满。

该尾矿库上游为选冶厂,下游均为耕地,主要的人类工程活动为选冶厂工业活动及耕地,上游人类工程活动频繁,下游人类工程活动一般。

如图 3.1 所示为该尾矿库闭库前(现状调查时,尾矿库已经停止运行一年)后期堆积坝上面的库面现状情况,库面较平坦、坡度较小,周围大部植被覆盖较好。

如图 3.2 所示为该尾矿库闭库之前后期堆积坝及初期坝上游的库面现状,初期坝及后期堆积坝坝体附近的库面均较平坦,初期坝和后期堆积坝坝体之间的库面已经复绿。

滑石乡黄土坡汞矿选矿厂尾矿库现状调查表如表 3.1 所示。

图 3.1　尾矿库闭库前库面

图 3.2　尾矿库闭库后库面

表 3.1　滑石乡黄土坡汞矿选矿厂尾矿库现状调查表

库型	山谷型	汇水面积	0.058 9 km²	已堆积库容	29.2 万 m³
目前总坝高	33 m	初期坝型	浆砌石	初期坝高	27 m
初期坝坡比	外 1 : 0.3 内 1 : 0.25	初期坝长	132.1 m	占地面积	
尾矿库运行状况	闭库	尾矿库等别	四	安全状态	重大险情
排渗设施	不完善	防洪排水设施	不完善	观测设施	无
堆积坝堆积情况	堆积坝只有一级子坝,坝高 6.0 m,内外坡均为 1 : 2				

续表

现有排水设施描述	库区排水设施不完善,排水不通畅。截洪沟排洪能力:右岸截洪沟为 0.404 m³/s,左岸截洪沟为 0.576 m³/s,总的排洪能力为 0.98 m³/s,不能满足库区排洪要求
尾矿库及库区存在的主要问题	周边无安全设施,无监测设施
尾矿库下游(波及区域)情况	下游有耕地、林地。库区下游 500 m 内无居民居住,但有河流水体,为当地居民主要生活生产水源
其他情况的说明	初期坝及堆积坝较完好。下游无水源地,无水产基地,无重要工业设施

3.1.2　闭库尾矿库安全隐患排查表

闭库尾矿库安全隐患排查表见表3.2。

表 3.2　闭库尾矿库安全隐患排查表

序号	排查项目	事实记录	排查结果	备注
1	初期坝	初期坝高 27 m,坝顶宽 3 m,坝长 132.1 m。坝体分为初期坝和上部堆积坝,外坡坡比 1:0.3,内坡坡比 1:0.25。初期坝现状完好,无明显变形	无异常	
2	堆积坝	堆积坝高 6 m,坝顶宽 3 m,内外坡比均为 1:2。现已稳定	无异常	
3	副　坝	无	不需要	
4	拦水坝	无	不需要	

续表

序号	排查项目	事实记录	排查结果	备 注
5	排水设施	库区周边有截洪沟,库区有排水沟,堆积坝上游库区未设置其他排洪系统	排水设施不完善	
6	排渗设施	初期坝前有渗滤液收集池及沟,排渗设施为卧式排渗管,排水量较小,库内沉积尾矿固结情况不佳	排渗设施不完善	
7	观测设施	无	监测设施失去基本功能	
8	库区周边	库区上部为林地、耕地,植被良好,无山体滑坡、崩塌和泥石流情况	无异常	
9	尾矿库下游(波及区)情况	下游有耕地、林地;无水源地,无水产基地,无重要工业设施	尾矿库一旦失事,将会破坏耕地及林地,破坏环境	
10	其他情况的说明			

3.2　三都县金阳矿业选矿厂尾矿库闭库前现状调查

3.2.1　尾矿库现状

三都县金阳矿业选矿厂尾矿库属于山谷型尾矿库,坝体总高度约 12.2 m,堆积尾矿渣 10.32 m³,目前已满库。

该尾矿库现状为总坝高 12.2 m,坝体分为初期坝和上部堆积坝,初期坝高7.7 m,外坡坡比 1∶1,内坡坡比 1∶0.75,坝顶宽 2 m,坝长 40 m,上部堆积坝高4.5 m,坡比为 1∶1 至 1∶2。初期坝为浆砌石砌筑而成,上部堆积坝主要为尾矿渣。目前坝坡稳定,局部出现垮塌现象。库区覆土 30 cm。

该尾矿库上游为林地,下游为林地及耕地,主要的人类工程活动为耕地,人类工程活动一般。

如图 3.3 所示为该尾矿库闭库前尾矿库的库面全貌航拍图,库面较平坦、坡度较小,尾矿库周边大部植被长势良好。

图 3.3　尾矿库全貌

如图 3.4 所示为该尾矿库闭库前初期坝在尾矿库的位置等基本情况。

图 3.4　尾矿库坝体位置

三都县金阳矿业选矿厂尾矿库现状调查表如表 3.3 所示。

表 3.3　三都县金阳矿业选矿厂尾矿库现状调查表

库型	山谷型	汇水面积	0.2 km²	已堆积库容	10.32 万 m³
目前总坝高	12.2 m	初期坝型	浆砌石	初期坝高	7.7 m

续表

库型	山谷型	汇水面积	0.2 km²	已堆积库容	10.32 万 m³
初期坝坡比	外 1：1， 内 1：0.75	初期坝长	40 m	占地面积	8 600 m²
尾矿库运行状况	闭库	尾矿库等别	五	安全状态	重大险情
排渗设施	完善	防洪排水设施	完善	观测设施	无
堆积坝堆积情况	堆积坝高 4.5 m，坡比为 1：2				
现有排水 设施描述	库区排水设施完善，排水通畅，库区外侧有截洪沟，总长 382 m，倒梯形断面，顶宽 1.2 m，底宽 0.6 m，深 0.6 m，库区有排水沟，矩形断面，总长 80 m，宽 0.5 m，深 0.5 m，库面整体沿库尾至初期坝呈 2% 坡率，库区未见积水				
尾矿库及库区 存在的主要问题	周边无安全设施，无监测设施				
尾矿库下游 （波及区域）情况	下游有耕地、林地				
其他情况的说明	下游无水源地，无水产基地，无重要工业设施。库区覆土 30 cm，现植被良好				

3.2.2　闭库尾矿库安全隐患排查表

闭库尾矿库安全隐患排查表如表 3.4 所示。

表 3.4　闭库尾矿库安全隐患排查表

序号	排查项目	事实记录	排查结果	备注
1	初期坝	初期坝高 7.7 m，坝顶宽 3 m，坝长 40 m。外坡坡比 1：1，内坡坡比 1：0.75。初期坝现状完好无明显变形	无异常	

续表

序号	排查项目	事实记录	排查结果	备 注
2	堆积坝	堆积坝马道及坡面未进行块石护坡,易受雨水冲刷	无异常	
3	副 坝	无	不需要	
4	拦水坝	无	不需要	
5	排水设施	库区周边及库区内均有截洪沟,库区未见积水	排水设施完善	
6	排渗设施	初期坝下游有渗滤液收集池及沟	排渗设施完善	
7	观测设施	无	现场未见监测设施	
8	库区周边	库区上部为林地、耕地,植被良好,无山体滑坡、崩塌和泥石流情况	无异常	
9	尾矿库下游（波及区）情况	下游有耕地、林地;库区下游500 m 内无居民居住,但有河流水体,为当地居民主要生活生产水源	如尾矿库失事后将对下游水体造成较大的环境破坏,对当地的生产生活产生影响	
10	其他情况的说明	库面尾砂裸露,易造成水土流失,对下游生态环境产生影响		

3.3　三都县金盈矿业选矿厂尾矿库闭库前现状调查

3.3.1　尾矿库现状

该尾矿库属于山谷型尾矿库,坝体总高度约 10.8 m,已堆积硫铁矿尾矿渣 8.5 万 m^3,目前未满库。

初期坝为土石坝,该土石坝顶宽度约 4 m,高 7 m,坝长约 55 m,尾矿库库面坡坡比 1：1.5,背坡坡比 1：0.4,现状坝体稳定、无开裂、垮塌等现象。

堆积坝顶宽度约 3.5 m,高 3.8 m,坝长约 50 m,内坡坡比 1：1,外坡坡比 1：2,现状坝体稳定、无开裂、垮塌等现象。

库区内侧未见排水沟,坝体外侧无截洪沟,库区左岸初期坝至堆积坝有溢洪管道长 50 m,内径 1.5 m。

初期坝至堆积坝 50 m 区域为堆积矿渣,该区域积水严重。

该尾矿库上游为耕地,下游为弃土场及耕地,主要的人类工程活动为耕地,人类工程活动一般。

如图 3.5 所示为该尾矿库闭库前(尾矿库已经停产)整个尾矿库库面现状情况,库面大部有积水,尾矿库周围大部植被覆盖较好。

图 3.5　尾矿库全貌

如图3.6所示为该尾矿库闭库前初期坝及后期堆积坝在尾矿库的位置情况,坝体内外坡植被覆盖均较好。

图3.6 尾矿库初期坝体和后期堆积坝坝体位置

三都县金盈矿业选矿厂尾矿库现状调查如表3.5所示。

表3.5 三都县金盈矿业选矿厂尾矿库现状调查表

库型	山谷型	汇水面积	0.44 km²	已堆积库容	8.5 万 m³
目前总坝高	10.8 m	初期坝型	土石坝	初期坝高	7 m
初期坝坡比	外1:0.4 内1:1.5	初期坝长	55 m	占地面积	23 468 m²
尾矿库运行状况	闭库	尾矿库等别	五	安全状态	重大险情
排渗设施	无	防洪排水设施	不完善	观测设施	无
堆积坝堆积情况	只有一级子坝,坝高3.8 m,外坡比1:1;子坝无排渗设施				
现有排水 设施描述	尾矿库调洪库容与排水能力不足,排洪构筑物不完善。初期坝及堆积坝完好				
尾矿库及库区 存在的主要问题	尾矿库调洪库容与排水能力不足				
尾矿库下游 (波及区域)情况	库区排水设施不完善,排水不畅造成库内积水,库区周围无截洪沟,雨水汇聚至库内,长期浸泡侵蚀影响初期坝稳定				
其他情况的说明	下游有耕地;无水源地,无水产基地,无重要工业设施				

3.3.2 闭库尾矿库安全隐患排查表

闭库尾矿库安全隐患排查表如表 3.6 所示。

表 3.6 闭库尾矿库安全隐患排查表

序号	排查项目	事实记录	排查结果	备注
1	初期坝	初期坝为土石坝体,坝高 7 m,坝顶宽 4 m,外坡坡比 1：0.4,内坡坡比 1：1.5。初期坝现状完好无明显变形	无异常	
2	堆积坝	堆积坝只有一级子坝,坝高 3.8 m,顶宽 3.5 m,底宽 12 m,坝长约 50 m,内坡坡比 1：1,外坡坡比 1：2,现状坝体稳定,无开裂、垮塌等现象	无异常	
3	副 坝	无	不需要	
4	拦水坝	无	不需要	
5	排水设施	库内外无截排洪沟,溢洪管道完好	排水设施不完善	
6	排渗设施	无	无排渗设施	
7	观测设施	无	现场未见监测设施	
8	库区周边	库区上部为林地、耕地,植被良好,无山体滑坡、崩塌和泥石流情况	无异常	
9	尾矿库下游(波及区)情况	下游有耕地;无水源地,无水产基地,无重要工业设施	尾矿库一旦失事,将会破坏耕地,破坏环境	
10	其他情况的说明			

3.4 三都县恒通铅锌选矿厂尾矿库闭库前现状调查

3.4.1 尾矿库现状

三都县恒通铅锌选矿厂尾矿库属于山谷型尾矿库,坝体高度约 10.5 m,堆积尾矿渣 5.28 万 m³,目前已满库。

初期坝为浆砌石重力坝,初期坝高 10.5 m,坝顶宽 4 m,坝长 50 m。外坡近乎垂直,内坡坡比 1 : 0.5,该库无堆积坝。目前坝体稳定,未见垮塌现象。

库区覆土 30 cm,现植被长势良好。

库区外侧有截洪沟,总长 365 m,矩形断面,宽 0.6 m,深 0.6 m,库面整体沿库尾至初期坝呈 2% 坡率,库区未见积水。

如图 3.7 所示为该尾矿库闭库前(尾矿库已经停产)初期坝上面的库面现状情况,库面较平坦、坡度较小,周围植被覆盖较好,局部已经与周边环境融为了一体。

图 3.7 尾矿库全貌

如图 3.8 所示为该尾矿库闭库前(尾矿库已经停产)初期坝坝体及上面的库面现状。

初期坝

图 3.8　尾矿库坝体位置

三都县恒通铅锌选矿厂尾矿库现状调查表如表 3.7 所示。

表 3.7　三都县恒通铅锌选矿厂尾矿库现状调查表

库型	山谷型	汇水面积	$0.1\ \mathrm{km}^2$	已堆积库容	5.28 万 m^3
目前总坝高	10.5 m	初期坝型	浆砌石	初期坝高	10.5 m
初期坝坡比	外坡近乎垂直,内 1：0.5	初期坝长	50 m	占地面积	6 500 m^2
尾矿库运行状况	闭库	尾矿库等别	五	安全状态	重大险情
排渗设施	完善	防洪排水设施	完善	观测设施	无
堆积坝堆积情况	无子坝				
现有排水设施描述	库区排水设施完善,排水通畅,初期坝完好				
尾矿库及库区存在的主要问题	无安全设施,无监测设施				
尾矿库下游(波及区域)情况	下游有耕地、林地				
其他情况的说明	下游无水源地,无水产基地,无重要工业设施				

3.4.2　闭库尾矿库安全隐患排查表

闭库尾矿库安全隐患排查如表 3.8 所示。

表 3.8　闭库尾矿库安全隐患排查表

序号	排查项目	事实记录	排查结果	备 注
1	初期坝	浆砌石重力坝,初期坝高 10.5 m,坝顶宽 4 m,坝长 50 m。外坡近乎垂直,内坡坡比 1∶0.5。初期坝现状完好无明显变形	无异常	
2	堆积坝	无	不需要	
3	副 坝	无	不需要	
4	拦水坝	无	不需要	
5	排水设施	库区周边有截洪沟	排水设施完善	
6	排渗设施	初期坝前有渗滤液收集池及沟	排渗设施完善	
7	观测设施	无	现场未见监测设施	
8	库区周边	库区上部为林地、耕地,植被良好,无山体滑坡、崩塌和泥石流情况	无异常	
9	尾矿库下游(波及区)情况	下游有耕地、林地;无水源地,无水产基地,无重要工业设施	尾矿库一旦失事,将会破坏耕地及林地,破坏环境	
10	其他情况的说明			

3.5　本章小结

本章通过对闭库的滑石乡黄土坡汞矿选矿厂尾矿库、三都县金阳矿业选矿厂尾矿库、三都县金盈矿业选矿厂尾矿库及三都县恒通铅锌选矿厂尾矿库现场调查和查勘,查明了尾矿库闭库前的基本现状情况,为下一步的闭库安全评价提供现场依据,同时也为闭库治理提供了基础目标,为确立闭库治理内容提供了参考。

第4章 尾矿库闭库前安全评价及闭库治理内容

4.1 危险有害因素辨识

危险因素是指能对人造成伤亡和对物造成突发性损害的因素,有害因素是指能够影响人的身体健康、导致疾病,或对物造成慢性损害的因素。一般情况下,危险因素与有害因素统称为危险有害因素。尾矿库存在的危险有害因素如果得不到控制将导致尾矿库事故的发生。

通过对汞矿尾矿库、铅锌矿尾矿库和硫铁矿尾矿库现状的调查及相关资料分析,铅锌矿及硫铁矿尾矿库堆存的铅锌矿、硫铁矿尾矿渣为碱法湿式堆存,汞矿尾矿渣是选冶厂废渣,在选冶厂过滤后通过皮带机输入尾矿库内干式堆存,4个尾矿库闭库后库内主要水源均为自然雨水的地表汇水。采用类比推断的原理、相似尾矿事故教训和相关专家的经验,对上述4个拟闭库尾矿库存在的危险有害因素进行辨识,确定主要存在场所或部位,对可能导致事故发生的原因、危险特性、可能产生的后果予以分析。因铅锌矿尾矿库和硫铁矿两类尾矿库辨识过程类似,故将两类尾矿库危险有害因素分析过程综合在一起,具体可能存在的主要危险有害因素的类型、伤害方式、影响范围及途径分析如下。

4.1.1　尾矿坝危险有害因素分析

1）裂缝

坝体裂缝是尾矿坝比较常见的安全隐患，裂缝分为纵向裂缝和横向裂缝。纵向裂缝更危险，可能是坝体产生滑坡的先兆，务必提高警惕，细小的横向裂缝则极有可能发展为坝体集中渗漏的通道。因此，对纵向裂缝和横向裂缝的出现应予以充分的重视。尾矿坝体裂缝形成的原因主要有：在设计阶段坝体的结构及断面的几何参数设计不合理；勘察施工阶段，坝基承载力不均匀；坝体施工质量差，产生不均匀沉降等。

2）渗漏

尾矿库坝体及坝基的渗漏分为正常渗漏和异常渗漏。正常渗漏就是库内正常排渗透水，对坝体及坝前干滩的固结是有利的，可以提高坝体的整体稳定性，但是异常渗漏则对坝体稳定产生危害，主要表现为 3 个方面的影响：

①渗漏压力降低了坝体整体的稳定安全系数，不利于坝体的稳定。

②导致渗漏变形，出现流土、管涌现象，严重的还可能引发溃坝事故。

③振动液化，使饱和尾矿砂在抗剪强度下降的情况下，发生类似于液化流动现象。

异常渗漏主要是由建设期的设计考虑不周、施工不当及后期管理不善等因素引发的。

3）滑坡

滑坡往往会导致溃坝事故，有些滑坡是突然发生的，有些则是始于裂缝。造成滑坡的原因主要有：

①初期坝坝址未进行地质勘察，存在基础淤积层或其他软弱土层，建设期的设计时未采取相应措施，尾矿坝基础存在软弱层或坝体内存在软弱夹层，坝基础清基深度不够等因素，可能引起滑坡。

②排洪设施不能达到预期的排洪能力,或截排洪设施施工质量差,遇地震、洪水造成排洪系统失效,可能发生滑坡事故。

③坝体稳定性分析计算指标选择有误,对地震因素破坏作用估计不足,造成尾矿坝结构参数设计不合理,坝体稳定性差,可能发生滑坡。

④坝体端的岩石破碎或者岩石节理发育,尾矿库在建设期设计时忽略了而未采取必要的防渗措施,导致产生了绕坝渗流,会使局部坝体饱和,从而引起滑坡。

⑤尾矿堆积坝采用坝前放矿,若采用单管放矿,导致坝体不均匀上升,可能引起滑坡。

⑥强烈地震引发的滑坡。

⑦持续的特大暴雨,使坝体饱和或对坝体不断冲刷引起的滑坡。

4)垮坝

造成垮坝的原因主要有:

①坝体结构参数设计不合理,坝体施工质量差或施工不当,以及白蚁、鼠、蛇等在坝体打洞等因素,造成坝体稳定性差,遇地震、洪水可能导致尾矿库垮坝事故。

②闭库尾矿库为上游式筑坝,尾矿坝修筑质量太差,未按安全规程规定的坡比筑坝,造成堆积坝下游坡面发生局部垮塌现象。

③尾矿库库区汇水面积或相关参数不可靠,做出洪峰流量计算,使排洪系统设计不合理,排洪构筑物尺寸偏小,导致泄洪能力偏低,不能满足汛期库区排洪的需要,可能发生垮坝事故。

④截排洪设施施工质量差,不能达到设计预期的排洪能力,遇地震、洪水可能发生垮坝事故。

⑤截排洪设施维护不当,洪水进入尾矿库区,侵占调洪库容,导致库区内洪峰总水量超过安全库容,抬高浸润线位置,造成垮坝事故的发生。

5）漫顶

尾矿库库区汇水面积或相关参数不可靠,做出的洪峰流量计算,使排洪系统设计不合理,排洪构筑物尺寸偏小,导致泄洪能力偏低,不能满足汛期库区排洪的需要,可能造成洪水漫顶。

4.1.2　排洪、排渗系统危险有害因素分析

①尾矿库在汛期被上游冲下的树枝杂草等造成截洪沟、泄水井及涵管入口堵塞,使上游洪水超过库内的调洪库容,将导致洪水漫坝或溃坝的严重事故。

②排洪设施未按设计进行施工或施工质量差,遇地震、洪水可能造成排洪系统失效,可能导致漫坝和溃坝的严重事故。

③排渗设施未按设计进行施工或施工质量差,无法有效降低坝体中浸润线高度,导致坝体力学性能差,稳定性不高,遇洪水可能造成漫坝和溃坝的严重事故。

④排水设施施工质量差,在地震和洪水作用下造成排水设施断裂错位,不能及时有效地将库内洪水排出库外,使洪水超过库内的调洪库容,将造成洪水漫坝或溃坝的严重事故。

⑤坝体排水管堵塞或材质腐烂破坏等,可能造成排渗系统失效,影响坝体稳定,严重时可能造成溃坝事故。

4.1.3　监测设施危险有害因素分析

尾矿库的监测设施主要包括坝体位移观测和浸润线水位观测设施及库水位标尺等。若无监测设施或监测设施设置不当或监测设施维护不当造成损毁,造成观测数据不准确或不能正常观测记录,使坝体发生滑动、沉降等现象不能及时采取措施进行有效处理,可能发生溃坝等严重事故。

4.1.4　自然地质环境危险有害因素分析

1）暴雨

尾矿库如遇暴雨可能引起山洪暴发,甚至诱发泥石流、山体滑坡等地质灾害。若排洪设施堵塞造成系统失效,不能及时、安全地排出库内洪水,导致库区内洪峰总水量超过安全库容,就可能发生洪水漫顶事故,严重时可能引发溃坝事故。

2）地震

尾矿库库区在地震发生时,可能破坏尾矿坝,使尾矿坝发生裂缝、沉降滑动以至垮塌危害;或破坏排洪设施,使排洪系统失效,造成洪水漫顶事故;地震可能使尾矿砂产生震动液化现象,导致尾矿库整体安全性降低,易诱发溃坝事故。

3）雷电

闭库尾矿库所在地雨季雷击频繁,若建筑物、机电设备没有采取有效的避雷措施,可能发生巡视人员被雷击的事故。

4）气温

闭库尾矿库夏季户外作业人员可能出现中暑现象,冬季可能造成冻伤现象。

5）周边环境影响

闭库尾矿库库区离居民区较远,对居民的安全构成直接威胁的可能性不大。

4.1.5　泥石流危害分析

泥石流是一种地质作用,介于流水与滑坡之间。泥石流形成需要同时存在3个条件,分别为:①必须有合适的地形条件（如三面环山的斗形山谷）;②附近必须存在丰富的物质来源(如松散碎屑物质);③短时间内有大量的水体来源(如上游暴雨等)。常见的典型泥石流是由悬浮着粗大固体碎屑物并富含粉砂及黏土的黏稠泥浆组成。在适当的地形条件下,大量的上游来的水体浸透了山坡或者沟床内的固体堆积物,并且使其稳定性降低,饱含水分的固体堆积物质在自身重力作用下向下方发生运动,这就是泥石流的形成过程。泥石流是一种灾难性的地质现象,是一种突然爆发的、破坏性极大的洪流。一次泥石流经历的时间不长,但来势凶猛,产生的力量可以携带巨大的石块以高速前进,具有惊人的能量,因而产生的后果严重,破坏性极大。

闭库尾矿库周边植被大部较好,没有大规模碎屑性物质的来源,也很难在短时间内汇集大量的来水,因此产生泥石流的可能性很小。但如果尾矿库上游暴发了大的山洪,上游的第四系松散颗粒短时间内倾泻而下,这样被洪水冲下来的各种废石泥砂等物质就会直奔尾矿库区,会导致尾矿库的调洪能力降低。洪水将越过尾矿坝,甚至造成溃坝事故,坝下游将会遭受较大的损失。

4.1.6　安全生产管理危险有害因素分析

①若未建立健全尾矿库的安全生产管理制度,设置安全生产管理机构及配置专职的安全管理人员,不能及时发现和处理出现的安全隐患,可能使事故扩大。

②若缺乏必要的安全操作规章制度,缺乏对工人进行安全操作培训教育,对工人执行与遵守安全操作规程缺乏必要的督促检查,可能导致工伤事故的发生。

③若没有建立尾矿库事故应急救援预案并定期演练,当出现尾矿库重大安全事故时不能及时有效处理,可能使事故扩大。

4.1.7 其他方面的危险有害因素分析

1）高处坠落事故

目前尾矿库坝体较高，防护设施不到位，巡查工作人员从上面经过，若不注意可能发生高处坠落事故。

2）粉尘危害

对于该尾矿库而言，粉尘主要来自尾矿坝坝面及干滩面，在干燥多风季节会产生扬尘。

3）环境污染

尾矿库内储存了在生产期间排出的大量尾矿渣，尾矿渣中含有选矿厂的选矿药剂。废渣堆放在水库中经过水体的浸泡后，一旦流出和渗入地下，将对下游及周围地区造成较大的环境危害。

4.1.8 安全管理缺陷

安全生产管理缺陷主要包括以下几个方面：

①安全管理机构不健全，安全负责人的安全专业知识欠缺，领导尾矿库安全生产和处理尾矿库事故的能力不足。

②没有健全的安全生产责任制、完善的规章制度和操作规程。

③特种作业人员没有参加专门的安全教育培训、未经有关部门考核合格，未取得特种作业人员操作资格证书就上岗，没有对其他从业人员进行安全教育和培训。

④没有向从业人员发放保障安全生产所需的劳动防护用品。

⑤没有制订尾矿库事故应急预案和组织实操演习。

⑥安全投入不能满足安全生产的需求。

⑦安全标志缺失。未按《安全标志及其使用导则》（GB 2894—2008）的要

求,对作业环境、重要设备设施和应急救援等进行安全标识或警示。

4.2　危险有害因素汇总

根据4.1节对闭库尾矿库的危险有害因素进行辨识并分析后,总结了汞矿尾矿库、铅锌矿尾矿库及硫铁矿尾矿库可能存在的危险有害因素,因素产生的部位,以及若发生事故可能产生的后果。具体内容汇总如表4.1所示。

表4.1　闭库尾矿库的危险有害因素存在部位及可能造成的后果

危险有害因素	产生的部位	可能造成的后果
溃坝	初期坝、子坝	尾矿、废水进入下游,污染环境,人员伤亡,财产损失
洪水漫顶	尾矿坝	尾矿、废水进入下游,污染环境,人员伤亡,财产损失
滑坡	坝体、周边山坡	对尾矿库的安全构成威胁
防洪系统破坏	排水系统	溃坝、漫坝、污染环境、人员伤亡、财产损失
渗漏	库区、坝体	影响坝体安全、污染环境
高处坠落	坝体、周边山坡	人员伤亡、财产损失
触电	回水泵站	人员伤亡、财产损失
淹溺	库区、水池	人员伤亡、财产损失
粉尘危害	库区	职业危害

综上所述:

滑石乡黄土坡汞矿选矿厂尾矿库主要危险有害因素为:洪水漫顶、溃坝、坝体滑坡、流土和管涌等渗漏破坏、排洪系统破坏、坝基沉陷、泥石流等。

三都县金阳矿业选矿厂尾矿库主要危险有害因素为:洪水漫顶、溃坝、坝体滑坡、排洪系统破坏、坝基沉陷、泥石流等。

三都县金盈矿业选矿厂尾矿库主要危险有害因素为:洪水漫顶、垮坝、坝体滑坡、泥石流、环境污染等。

三都县恒通铅锌选矿厂尾矿库主要危险有害因素为:洪水漫顶、垮坝、坝体滑坡、泥石流、环境污染等。

4.3 闭库尾矿库安全评价

对照现场调查采用编制现场检查表和理论计算可以得出上述各尾矿库闭库安全评价结论,具体评价过程本书不展开讨论。

4.3.1 滑石乡黄土坡汞矿选矿厂尾矿库闭库前安全现状评价结论

①主要危险有害因素及重大危险源。

通过对该尾矿库危险有害因素的辨识及综合分析,滑石乡黄土坡汞矿选矿厂尾矿库主要存在的危险有害因素有洪水漫顶、溃坝、坝体滑坡、流土和管涌等渗漏破坏、排洪系统破坏、坝基沉陷、泥石流等。

根据《危险化学品重大危险源辨识》(GB 18218—2018)进行重大危险源辨识,该尾矿库不构成重大危险源。

②滑石乡黄土坡汞矿选矿厂尾矿库初期坝为浆砌石坝,堆积坝为尾砂堆积筑坝。初期坝至堆积坝区域未堆积矿渣,库区已满库,且尾矿库已被植被覆盖;尾矿库初期坝完好,该尾矿库坝体经稳定性计算为稳定。

③堆积坝马道及坡面未进行块石护坡,易受雨水冲刷。

④堆积坝上游库区未设置排洪系统,容易造成泥石流,需要增设排洪沟及截洪沟。

⑤库面未进行平整和绿化,易造成水土流失,对下游生态环境产生影响。

⑥库区下游500 m内无居民居住,但有河流水体,为当地居民主要生活生产水源,如尾矿库失事后将对下游水体造成较大的环境破坏,对当地的生产生活产生影响。

⑦目前该库的监测设施因维护不善,已经失去基本功能。

⑧滑石乡黄土坡汞矿选矿厂尾矿库排渗设施为卧式排渗管排水,排水量较小,库内沉积尾矿固结情况不佳。

⑨根据《金属非金属矿山重大事故隐患判定标准》矿安(〔2022〕88 号)的规定,该尾矿库存在重大安全隐患。

⑩完善闭库设计及安全设施设计,保证尾矿库闭库符合国家相关法律法规、标准、技术规范的要求。

4.3.2　三都县金阳矿业选矿厂尾矿库闭库前安全现状评价结论

①主要危险有害因素及重大危险源。

通过对危险、有害因素的辨识与分析,本项目主要危险有害因素有漫坝、垮坝、滑坡、泥石流、环境污染等。

根据《危险化学品重大危险源辨识》(GB 18218—2018)进行重大危险源辨识,该尾矿库不构成重大危险源。

②三都县金阳矿业选矿厂尾矿库初期坝为浆砌石坝,堆积坝为尾砂堆积筑坝。初期坝至堆积坝区域未堆积矿渣,库区已满库,且尾矿库已被植被覆盖;尾矿库初期坝完好,堆积坝局部出现表层垮塌,该尾矿库坝体经稳定性计算为稳定。

③该库排水设施完善。

④该库库面现场无积水。

⑤根据《金属非金属矿山重大事故隐患判定标准》矿安(〔2022〕88 号)的规定,该尾矿库存在重大安全隐患。

⑥完善闭库设计及安全设施设计,保证尾矿库闭库符合国家相关法律法规、标准、技术规范的要求。

4.3.3　三都县金盈矿业选矿厂尾矿库闭库前安全现状评价结论

①主要危险有害因素及重大危险源。

通过对危险、有害因素的辨识与分析,本项目主要危险有害因素有洪水漫顶、垮坝、坝体滑坡、泥石流、环境污染等。

根据《危险化学品重大危险源辨识》(GB 18218—2018)进行重大危险源辨识,该尾矿库不构成重大危险源。

②三都县金盈矿业选矿厂尾矿库初期坝为浆砌石坝,堆积坝为尾砂堆积筑坝。初期坝至堆积坝区域未堆积矿渣,库区已满库,且尾矿库已被植被覆盖;尾矿库初期坝完好,堆积坝局部出现表层垮塌,该尾矿库坝体经稳定性计算为稳定。

③该库排水设施缺失。

④该库库面现场出现积水。

⑤根据《金属非金属矿山重大事故隐患判定标准》矿安(〔2022〕88 号)的规定,该尾矿库存在重大安全隐患。

⑥完善闭库设计及安全设施设计,保证尾矿库闭库符合国家相关法律法规、标准、技术规范的要求。

4.3.4　三都县恒通铅锌选矿厂尾矿库闭库前安全现状评价结论

①主要危险有害因素及重大危险源。

通过对危险、有害因素的辨识与分析,本项目主要危险有害因素有洪水漫顶、垮坝、坝体滑坡、泥石流、环境污染等。

根据《危险化学品重大危险源辨识》(GB 18218—2018)进行重大危险源辨识,该尾矿库不构成重大危险源。

②三都县恒通铅锌选矿厂尾矿库初期坝为浆砌石坝,堆积坝为尾砂堆积筑

坝。初期坝至堆积坝区域未堆积矿渣,库区已满库,且尾矿库已被植被覆盖;尾矿库初期坝完好,堆积坝局部出现表层垮塌,该尾矿库坝体经稳定性计算为稳定。

③该库排水设施完善。

④该库库面现场无积水。

⑤根据《金属非金属矿山重大事故隐患判定标准》矿安(〔2022〕88 号)的规定,该尾矿库存在重大安全隐患。

⑥完善闭库设计及安全设施设计,保证尾矿库闭库符合国家相关法律法规、标准、技术规范的要求。

4.4　闭库治理内容

汞矿尾矿库、铅锌矿尾矿库及硫铁矿尾矿库闭库治理的内容基本上是相同的,均为尾矿库坝体的治理、坝面和库区滩面治理、排洪系统治理、库区植被绿化、周边环境治理等内容。

针对不同尾矿库闭库现状存在的安全隐患,应采取不同的闭库治理技术和方式。

4.4.1　滑石乡黄土坡汞矿选矿厂尾矿库闭库治理内容

针对存在的安全隐患(表3.1)及本章评价结论,拟采用以下技术措施对该库进行治理:

①对堆积坝外坡面进行干砌块石护坡,对外坡面、马道及平台砌石破损处进行修复。

②坝体设置监测系统,对坝体稳定性进行监测。

③库内整平,自上游库顶向下游缓坡坡顶坡降 2%,库面依次向下铺设 HDPE 防渗土工膜、厚耕植土,然后复绿。

④在初期坝下游增加水处理池和消能池各一座。

4.4.2 三都县金阳矿业选矿厂尾矿库闭库治理内容

针对存在的安全隐患(表3.3)及本章评价结论,拟采用以下技术措施对该库进行治理:

①堆积坝坝坡按 1∶2 的坡比进行放坡,坡面削坡后需进行压实再覆土复绿。

②坝体设置监测系统,对坝体稳定性进行监测。

③库区右岸边坡进行坡脚反压。

④库区周边设置安全围栏及安全警示牌。

4.4.3 三都县金盈矿业选矿厂尾矿库闭库治理内容

针对存在的安全隐患(表3.5)及本章评价结论,拟采用以下技术措施对该库进行治理:

①坝体治理,拆除初期坝,将拆除土石坝运至坝后区域进行回填压实。

②修筑排水系统,在尾矿库外围稍高处沿山体修建修截洪沟,为了防止降雨对尾矿库进行冲刷,尾矿库内修建三条横向及一条纵向排水沟。

③对库内进行整平,并在库面依次向下铺设 HDPE 防渗土工膜、厚耕植土,然后复绿。

④坝体设置监测系统,对坝体稳定性进行监测。

⑤库区周边设置安全围栏及安全警示牌。

4.4.4 三都县恒通铅锌选矿厂尾矿库闭库治理内容

针对存在的安全隐患(表3.7)及本章评价结论,拟采用以下技术措施对该库进行治理:

①坝体设置监测系统,对坝体稳定性进行监测。

②库区周边设置安全围栏及安全警示牌。

4.5 本章小结

本章在工程勘察及现场调查的基础上,通过对滑石乡黄土坡汞矿选矿厂尾矿库、三都县金阳矿业选矿厂尾矿库、三都县金盈矿业选矿厂尾矿库及三都县恒通铅锌选矿厂尾矿库的危险有害因素辨识,分别辨识出拟闭库汞矿、硫铁矿及铅锌矿尾矿库的危险有害因素,再结合尾矿库闭库安全评价的结论,查明了尾矿库闭库前的主要安全隐患,并根据已经明确的主要安全隐患,初步确定了闭库治理的具体内容,为下一步的尾矿库闭库分步治理明确了方向。

第5章 闭库尾矿库坝体及库面治理技术

5.1 滑石乡黄土坡汞矿选矿厂尾矿库坝体及库面治理技术

根据拟闭库尾矿库现场调查结果及安全现状评价结论,拟订闭库尾矿库治理的内容和采取的技术手段,具体内容及步骤如下:

①对坝体稳定性进行复核,包括渗流计算及坝体本体稳定性。

②对堆积坝外坡面进行干砌块石护坡,对外坡面、马道及平台砌石破损处进行修复。

③对尾矿库库区内的大石块、杂枝等杂物进行清理、平整、压实,库面自上游库顶向下游缓坡坡顶坡降2%,依次向下铺设HDPE防渗土工膜、厚耕植土(堆积坝坝体上不设计覆盖,堆积坝下游为黏土、防渗土工膜及耕植土三层铺盖),播撒狗尾草种子恢复生态环境。

5.1.1 坝体稳定性影响因素分析、破坏模式及失稳力学机制

1)稳定性影响因素分析

(1)基底工程地质条件

滑石乡黄土坡汞矿选矿厂尾矿库坝体基底主要为中风化生物灰岩,其力学

强度较高,与尾矿库坝体稳定性有关的基底介质条件和环境工程地质条件较好。

(2)地下水相关条件的恶化作用

尾矿砂是结构松散及渗透性强,但是蓄水能力也比较强的排弃物料,它们覆盖在原地表,导致原地表水排泄系统发生改变。大气降雨渗透过松散的排弃物料以后,会进入基底土体,使基底土体内的地下水补给条件得到改善,土体的蓄水量增多。而随着土体含水量的增加,尾矿排弃物料及基底岩土层力学强度指标会弱化,导致下滑力增加而抗滑力减小。

(3)降雨入渗作用

大气降雨在入渗过程中会使尾矿库的地下水位线上升,增加孔隙水压力或减小基质吸力,从而使坝体潜在危险滑动面的抗剪强度不断减小,直至不能满足安全要求,进而导致坝体破坏。

(4)排弃物料加载作用

尾矿库中排弃物料的高度越高、对基底压力越大,越容易产生底鼓、失稳。

(5)尾矿的物理力学性质

尾矿库的稳定性在很大程度上取决于尾矿的物理力学性质。尾矿的粒度、硬度、级配、含水量、内摩擦角、孔隙度、黏土含量、含水量及抗风化能力等,都是直接影响边坡稳定性的主要因素。

(6)演化弱层形成

当尾矿库覆盖大面积地表后,地表水的入渗量会增加,而径流量变少,就会导致土体的含水量相应增高。在尾矿持续的荷载增量作用下,土体微结构被破坏,黏土矿物吸水塑化,不易排水,因而难以固结,演化为连续弱层。这些弱层厚度与范围随应力水平的增高和渗水的积聚而不断增加和扩大,形成连续的低强度带。弱层的演化是指特定介质在工程应力与相应的环境物理条件联合作用下形成的过程。其中,演化弱层的出现具有如下特征:①应力水平对应性。演化弱层通常出现在尾矿库达到一定高度后地基土体的高应力区,同一土层在未堆放尾矿的基底处不见其弱层特征,而在尾矿库下方,弱层特征则非常明显。②介质类型选择性。已有演化弱层赋存的尾矿库,无论其平面位置与发育深度如何,弱层均出现在黏土层与粉土层交界处,弱层厚 10 ~ 100 cm,并随应力水平增加而变厚。在弱层发育区平面上呈连续分布。

2)尾矿库坝体破坏模式

根据尾矿库坝体破坏的有关工程实例,坝体发生破坏的模式主要有 3 种:尾矿库内部滑坡、沿地基接触面滑坡和沿尾矿库地基软弱层滑坡。其中,内部滑坡和沿地基软弱层滑坡一般滑面为圆弧形,沿地基接触面滑坡一般为折线形。

(1)尾矿库内部滑坡

尾矿库内部滑坡是指集中发生在排弃物料内部的现象。当尾矿库堆积的高度达到某个临界值时,由于外荷载的作用导致地基沉陷,会诱使排弃物料压密,同时变形增大,这样处于极限平衡以后,在尾矿库后部的一定范围内,由于自重和先期压实沉陷而形成一个主动楔形区,当下部阻挡被动楔难以支撑时,就可能导致滑坡。滑坡形态一般为圆弧滑坡,如图 5.1 所示。

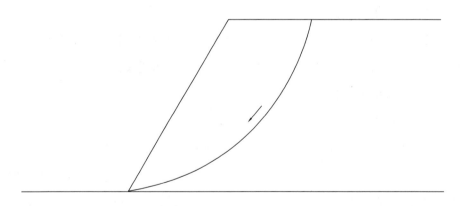

图 5.1　圆弧滑坡

(2)沿地基接触面滑坡

当地基稳固,且排弃物料与地基接触面之间的摩擦强度小于排弃物料内部的抗剪强度时,尾矿库容易发生沿地基接触面的滑坡,这种滑坡通常呈折线形滑动,如图 5.2 所示。沿地基接触面的滑坡多在地基倾角较陡或接触面为软弱夹层的情况下发生。一般情况下,如果地基倾角较缓,小于 28°,则滑坡的可能性较小。对于滑石乡黄土坡汞矿选矿厂尾矿库而言,其基底主要为中风化生物灰岩,力学强度较高,故沿地基接触面滑坡不是该尾矿库的主要破坏模式。

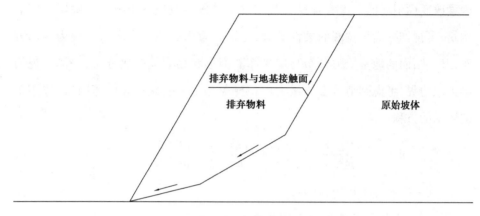

图 5.2　折线滑坡

（3）沿尾矿库地基软弱夹层滑坡

当尾矿库地基存在软弱夹层时,滑坡往往沿着这些软弱夹层发生。滑坡形态一般为圆弧滑坡,如图 5.3 所示。现场踏勘中,没有发现地基有软弱夹层。因此,沿地基软弱夹层滑坡不是该尾矿库破坏的主要模式。

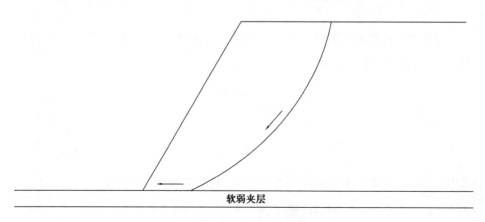

图 5.3　软弱夹层圆弧滑坡

综上所述,尾矿库内部滑坡是滑石乡黄土坡汞矿选矿厂尾矿库坝体破坏的主要模式。

3)尾矿库坝体失稳力学机制

土体强度的影响因素主要有:①介质结构变化影响(一般由环境工程物理因素改变而引起的);②在加载过程中的土体固结效应的影响。一般尾矿库的构筑,可视作一面积宽阔的柔性基础,尾矿自重引起的应力分布应视为均匀分布,某一断面的地基应力分布与尾矿库断面形状相同呈梯次分布,一侧可视为半无限边界,考虑到地基土体被大面积掩盖和黏土层赋存条件等因素,选用单向固结的方程:

$$\frac{\partial^2 u}{\partial z^2} + \frac{m_v \rho_w}{k} \left[\frac{\partial \Delta \sigma}{\partial t} + \gamma \frac{\partial u}{\partial t} \right] + \frac{1}{k} \cdot \frac{\mathrm{d}k}{\mathrm{d}z} \cdot \frac{\mathrm{d}u}{\mathrm{d}z} = 0 \tag{5.1}$$

式中　u——孔隙水压力,kPa;

　　　m_v——体积压缩系数,MPa^{-1};

　　　H——土层厚度,m;

　　　$\Delta \sigma$——荷载增量,kN;

　　　ρ_w——水密度,g/cm^3;

　　　z——垂直坐标值,m;

　　　t——时间,s。

考虑到土体排弃物料载荷随时间变化,底土体条件清楚,因此,$\Delta \sigma = f(t)$,代入式(5.1)中,得到相应的固结微分方程:

$$C_v \frac{\partial^2 u}{\partial z^2} = \frac{\partial u}{\partial t} - \frac{\partial \Delta \sigma}{\partial t} \tag{5.2}$$

$$C_v = \frac{k}{m_v \cdot \rho_v} \tag{5.3}$$

式中　C_v——固结系数,在 m_v 近似视为常数时,其值也为常数;

　　　ρ_v——土体排弃物料的密度,g/cm^3。

基底土层为单向排水,假定单向台阶排土物料荷重按线性增长(固结曲线见图 5.4），其增长率 $3\Delta\sigma/3t = P_0/t_0$，$P_0$ 为在 t_0 时间段内完成排土台阶的排弃物料荷重，即在不排水的情况下，起始排土段高形成时的初始超孔隙压力为 $3u/3t = P_0/t_0$，一次台阶形成后，超孔隙压力在 t_0 以后的时间内消散，按照太沙基的单向固结理论，此时的超孔隙压力解为：

$$\mu(z,t) = \frac{64u_0}{T_0\pi^3}\sum_{n-135}^{\infty}\sin\left(\frac{n\pi z}{H}\right)\left[1 - \exp(-n^2\pi^2 t)\right]\exp\left[-n^2\pi^2(t - t_0)\right]$$

$$(5.4)$$

式中　$t = 4C_v t_0/H^2$。

当 $t = t_0$ 时，超孔隙压力开始消散，如果在时间间隔 t_1 后继续下一台阶排土，加载速率不变，在初始超孔隙压力尚未完全消散时，表现为 u_t，继续加载过程中，超孔隙压力用式（5.5）表示：

$$\mu_1(z,t) = \frac{64u_{t10}}{T_{10}\pi^3}\sum_{n-135}^{\infty}\frac{1}{n^3}\sin\left(\frac{n\pi z}{H}\right)\left[1 - \exp(-n^2\pi^2 t)\right] \qquad (5.5)$$

由以上分析可见，在不具备充分消散条件的情况下，循环加载必然导致超孔隙压力的叠加，加载间隔时间越短，即排土强度越高，相应的超孔隙压力数值就越大。

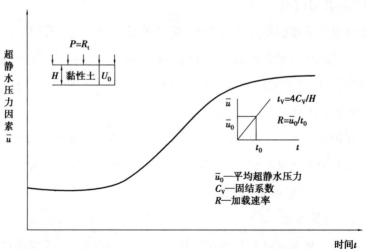

图 5.4　固结曲线

根据滑石乡黄土坡汞矿选矿厂尾矿库坝体的工程地质条件,可得出如下结论:

①影响尾矿库坝体稳定性的因素有基底工程地质条件、地下水条件恶化、降雨入渗作用、排弃物料加载作用、排弃物料物理力学性质、演化弱层形成。

②尾矿库若大面积覆盖了原始的地形地貌,就会导致地表径流条件改变。松散的排弃物料会导致地下水入渗量相应增加,而地表水径流量相应减小,从而使基底土体赋水后荷载加大。

③演化弱层的形成为滑体提供了连续的低抗剪强度带,使之被动抗滑平衡的能力降低。

④尾矿库坝体破坏模式主要有3种,即尾矿库的边坡内部发生滑坡、沿着地基接触面发生滑坡、沿着尾矿库的地基软弱层发生滑坡,其中尾矿库内部滑坡是黄土坡汞矿选矿厂尾矿库的主要破坏模式。

5.1.2　尾矿库渗流计算

1)尾矿库坝体渗流计算模型

(1)坝体几何模型

考虑到坝体计算剖面能揭示坝体稳定性的最不利情况,因此结合尾矿库的库区地形和尾矿堆积坝形状沿尾矿库的主沟选择了一个折线形的剖面进行渗流分析,其数值计算模型如图5.5、图5.6所示。其中,初期坝计算模型共划分了2 077个单元,1 100个节点,为三角形和四边形的混合单元;堆积坝计算模型共划分了2 707个单元,1 425个节点,为三角形和四边形的混合单元。整个尾矿库坝体划分为6类材料区,即初期坝砌石体、堆积坝压实体、坝底基岩、初期坝尾矿体、堆积坝尾矿体和排水棱体。

(2)渗流计算参数

滑石乡黄土坡汞矿选矿厂尾矿库尾矿坝主要由初期坝、后期堆积坝、汞矿渣、中风化生物灰岩组成,尾矿库内尾矿水主要来源于尾矿排放时带入的水以及大气降水。地下水潜水分为两种类型,即松散层孔隙水、基岩裂隙水,地下水潜水补给来自大气降水和尾矿渗透水。根据渗透试验数据确定的各层渗透系数取值如表5.1所示。

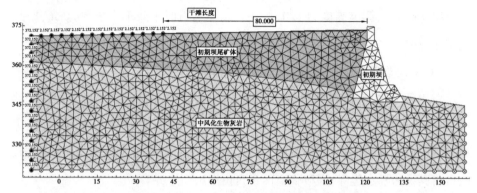

图5.5　滑石乡黄土坡汞矿选矿厂尾矿库初期坝数值计算模型网格(正常运行)

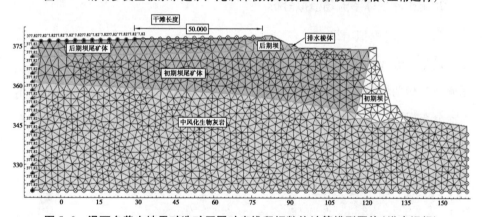

图5.6　滑石乡黄土坡汞矿选矿厂尾矿库堆积坝数值计算模型网格(洪水运行)

表5.1　渗流计算参数取值表

地层名称	代号	垂直渗透系数/$(m \cdot s^{-1})$	水平渗透系数/$(m \cdot s^{-1})$
初期坝坝体	①₁	2.0×10^{-6}	2.0×10^{-6}
初期坝尾矿体	①₂	1.0×10^{-5}	1.0×10^{-5}
堆积坝坝体	②₁	3.0×10^{-7}	3.0×10^{-7}
堆积坝尾矿体	②₂	4.0×10^{-5}	4.0×10^{-5}
排水棱体		1.0×10^{-4}	1.0×10^{-4}

（3）计算工况

本次计算考虑正常水位运行和洪水水位运行两种工况,根据滑石乡黄土坡汞矿选矿厂尾矿库目前坝高及规范控制要求,洪水水位运行时干滩不小于50.0 m,安全超高0.5 m,调洪高度为1.0 m,正常水位运行时干滩不小于80.0 m,据此确定相应的库水位进行渗流计算。

（4）渗流边界条件

对于后部边界,可将库水位以下设为定水头边界,库水位以上设为零流量边界;对于前部边界,由于初期坝底部前端设有排水通道,常年有水,故可将初期坝坝底以下设为定水头边界;对于底部边界,由于坝基为不透水的生物灰岩,故可将其设为隔水边界;坝坡临空面为自由溢出面边界。

2）尾矿库坝体渗流场模拟分析

（1）渗流场模拟结果

通过渗流计算模型的建立,经稳态渗流计算得到滑石乡黄土坡汞矿选矿厂尾矿库在初期坝(坝顶标高374.80 m)、堆积坝(坝顶标高379.30 m)的地下水渗流分布规律和浸润线位置如图5.7—图5.12所示。不同计算工况下溢出点标高及流量计算结果详见表5.2。

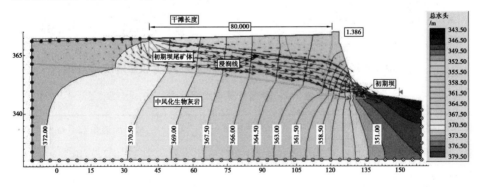

图5.7 初期坝浸润线总水头等值线图

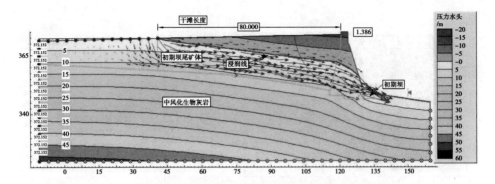

图 5.8　初期坝浸润线压力水头等值线图

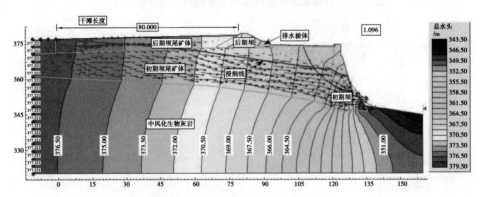

图 5.9　堆积坝正常运行工况下浸润线总水头等值线图

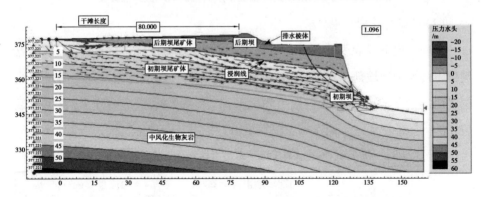

图 5.10　堆积坝正常运行工况下浸润线压力水头等值线图

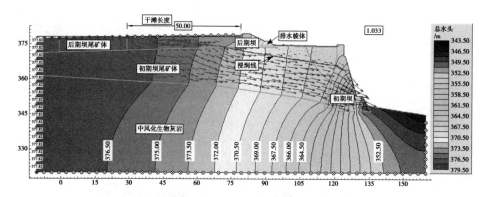

图5.11 堆积坝洪水运行工况下浸润线总水头等值线图

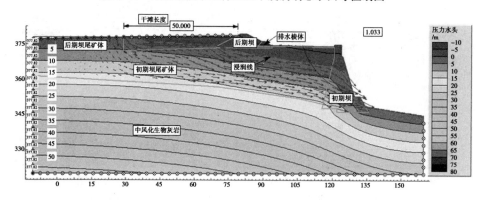

图5.12 堆积坝洪水运行工况下浸润线压力水头等值线图

（2）渗流场模拟结果分析

两种工况下浸润线呈"凸"形分布，在初期坝排渗设施正常运行时，溢出点均位于初期坝坝坡部位；相较于正常水位运行工况，洪水位运行工况的浸润线位置明显抬高，渗流溢出点位置也随之升高，渗径变短，渗透力变大，发生渗透破坏的可能性增加。不同计算工况下溢出点标高及流量见表5.2。

表5.2 不同计算工况下溢出点标高及流量汇总表

计算工况	初期坝溢出点标高/m		渗流量/（m³·s⁻¹）
	初期坝	堆积坝	堆积坝
正常运行工况	356.00	361.50	2.061×10^{-5}
洪水运行工况		364.50	2.663×10^{-5}

3）渗流稳定性复核

（1）渗流场计算复核结果

渗透稳定分析采用有限元法进行分析计算。

渗流复核计算相关参数参照表 5.1。

渗流复核计算结果为：渗流量为 0.000 45 m^3/d，渗流溢出点位于库面上，不会对坝体产生影响。流速矢量和等水头线图如图 5.13 所示。

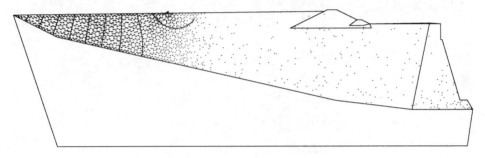

图 5.13　流速矢量和等水头线图

（2）渗流复核计算过程

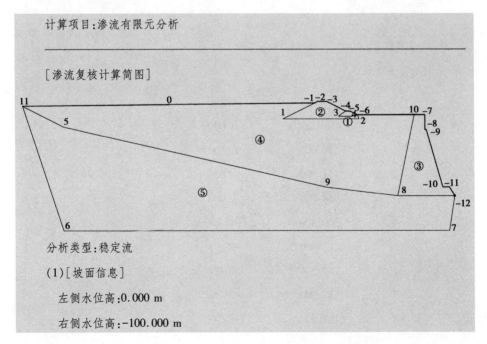

计算项目：渗流有限元分析

[渗流复核计算简图]

分析类型：稳定流

（1）[坡面信息]

左侧水位高：0.000 m

右侧水位高：−100.000 m

左侧水位高2:-1 000.000 m

右侧水位高2:-1 000.000 m

坡面线段数 12

坡面线号	水平投影/m	竖直投影/m
1	50.000	0.500
2	1.000	0.500
3	3.000	0.000
4	6.400	−3.200
5	1.500	0.000
6	2.600	−1.300
7	23.000	0.000
8	0.000	−5.000
9	0.500	0.000
10	5.700	−19.000
11	2.300	0.000
12	1.800	−3.000

(2) [土层信息]

坡面节点数=13

编号	X/m	Y/m
0	0.000	0.000
−1	50.000	0.500
−2	51.000	1.000
−3	54.000	1.000
−4	60.400	−2.200
−5	61.900	−2.200
−6	64.500	−3.500
−7	87.500	−3.500
−8	87.500	−8.500

编号	X/m	Y/m
−9	88.000	−8.500
−10	93.700	−27.500
−11	96.000	−27.500
−12	97.800	−30.500

附加节点数=11

编号	X/m	Y/m
1	39.000	−4.800
2	65.000	−4.800
3	58.000	−4.000
4	62.500	−4.000
5	−36.000	−7.400
6	−36.000	−42.000
7	96.000	−42.000
8	78.000	−30.500
9	53.600	−27.500
10	83.850	−3.300
11	−50.000	−0.500

不同土性区域数=5

区号	土类型	K_X/(m·d^{-1})	K_Y/(m·d^{-1})	Alfa/(°)	节点编号
1	角砾	8.640 00	8.640 00	45.000	(−4,3,4,−6,−5)
2	黏土	0.026 00	0.026 00	45.000	(−1,1,2,−6,4,3,−4,−3,−2)
3	圆砾	0.172 00	0.172 00	45.000	(−7,10,8,−12,−11,−10,−9,−8)
4	细砂	0.864 00	0.864 00	45.000	(0,11,5,9,8,10,−6,2,1,−1)
5	圆砾	0.000 00	0.000 00	0.000	(11,6,7,−12,8,9,5)

(3)[面边界数据]

　　面边界数=1

　　编号1,边界类型:已知水头

节点号:11 --- 0

节点水头高度 0.500 --- 0.000 m

(4)［点边界数据］

点边界数=1

编号1,边界类型:已知水头

节点编号描述:-12

节点水头高度 0.001 m

(5)［计算参数］

剖分长度=1.000 m

收敛判断误差(两次计算的相对变化)=0.100%

最大的迭代次数=30

(6)［输出内容］

计算流量:

流量计算截面的点数=2

编号	X/m	Y/m
1	22.000	−10.000
2	22.000	5.000

画分析曲线:

分析曲线截面始点坐标:(3.000,3.000)

分析曲线截面终点坐标:(25.000,3.000)

---

(7)［计算结果］

渗流量=0.000 45 m³/d

浸润线共分为 2 段

第 1 段	X/m	Y/m
	4.364	0.044
	4.998	0.045
	4.998	0.045
	5.003	0.045
	5.003	0.045
	5.993	0.047
	5.993	0.047
	6.006	0.047
	6.006	0.047
	6.991	0.048
	6.991	0.048
	7.009	0.048
	7.009	0.048
	7.991	0.049
	7.991	0.049
	8.017	0.050
	8.017	0.050
	8.978	0.050
	8.978	0.050
	9.013	0.050
	9.013	0.050
	9.981	0.051
	9.981	0.051
	10.021	0.051
	10.021	0.051
	10.976	0.051

10.976	0.051
11.033	0.051
11.033	0.051
11.963	0.052
11.963	0.052
12.040	0.052
12.040	0.052
12.956	0.052
12.956	0.052
13.041	0.052
13.041	0.052
13.956	0.052
13.956	0.052
14.033	0.052
14.033	0.052
14.966	0.052
14.966	0.052
15.057	0.052
15.057	0.052
15.940	0.053
15.940	0.053
16.055	0.053
16.055	0.053
16.943	0.053
16.943	0.053
17.040	0.053
17.040	0.053
17.960	0.053

17.960	0.053
18.073	0.053
18.073	0.053
18.924	0.053
18.924	0.053
19.065	0.053
19.065	0.053
19.934	0.053
19.934	0.053
20.044	0.053
20.044	0.053
20.956	0.053
20.956	0.053
21.075	0.053
21.075	0.053
21.925	0.053
21.925	0.053
22.050	0.053
22.050	0.053
22.951	0.053
22.951	0.053
23.093	0.053
23.093	0.053
23.906	0.053
23.906	0.053
24.068	0.053
24.068	0.053
24.933	0.053

24.933	0.053
25.116	0.053
25.116	0.053
25.884	0.053
25.884	0.053
26.107	0.053
26.107	0.053
26.893	0.052
26.893	0.052
27.127	0.052
27.127	0.052
27.873	0.052
27.873	0.052
28.082	0.052
28.082	0.052
28.919	0.052
28.919	0.052
29.125	0.052
29.125	0.052
29.876	0.052
29.876	0.052
30.072	0.052
30.072	0.052
30.930	0.052
30.930	0.052
31.141	0.052
31.141	0.052
31.860	0.052

31.860	0.052
32.107	0.052
32.107	0.052
32.895	0.052
32.895	0.052
33.152	0.052
33.152	0.052
33.850	0.052
33.850	0.052
34.116	0.052
34.116	0.052
34.887	0.052
34.887	0.052
35.163	0.052
35.163	0.052
35.839	0.052
35.839	0.052
36.182	0.052
36.182	0.052
36.821	0.052
36.821	0.052
37.175	0.052
37.175	0.052
37.828	0.052
37.828	0.052
38.133	0.052
38.133	0.052
38.871	0.052

38.871	0.052
39.186	0.052
39.186	0.052
39.817	0.052
39.817	0.052
40.205	0.052
40.205	0.052
40.798	0.052
40.798	0.052
41.182	0.052
41.182	0.052
41.822	0.052
41.822	0.052
42.423	0.052
42.423	0.052
43.063	0.052
43.063	0.052
43.690	0.052
43.690	0.052
44.131	0.052
44.131	0.052
44.820	0.052
44.820	0.052
45.207	0.052
45.207	0.052
45.798	0.052
45.798	0.052
46.079	0.052

46.079	0.052
46.397	0.052
46.397	0.052
47.081	0.052
47.081	0.052
47.572	0.052
47.572	0.052
48.083	0.052
48.083	0.052
49.069	0.052
49.069	0.052
49.083	0.052
49.083	0.052
49.090	0.052
49.090	0.052
49.119	0.052
49.119	0.052
50.361	0.051
50.361	0.051
50.677	0.051
50.677	0.051
51.342	0.051
51.342	0.051
51.658	0.051
51.658	0.051
52.492	0.051
52.492	0.051
52.508	0.051

	52.508	0.051
	53.276	0.051
	53.276	0.051
	53.724	0.051
	53.724	0.051
	54.362	0.051
	54.362	0.051
	54.881	0.050
	54.881	0.050
	55.787	0.050
	55.787	0.050
	55.830	0.050
	55.830	0.050
	55.899	0.050
第2段	X/m	Y/m
	0.001	0.000
	0.000	-0.000
	0.000	-0.000
	-0.000	-0.000
	-0.000	-0.000
	-0.000	-0.000

5.1.3 尾矿库坝体静力稳定性分析

1)尾矿库坝体静力稳定性分析方法

在目前尾矿库坝体稳定性计算分析中,应用最为广泛的两种计算方法是瑞典圆弧法和简化 Bishop 法。两种方法都是将滑动面设定为圆弧,并且假定分析的对象滑体为刚体,即计算中不考虑滑体内部的相互作用力,继而将滑体分成若干竖直条块,且不考虑各条块之间的相互作用力,通过条块的受力平衡分析,来求解计算坝体的稳定系数。根据计算所采用的抗剪强度类别,瑞典圆弧法又分为有效应力法和总应力法两种,其中有效应力法涉及孔隙水压力,总应力法则不直接考虑孔隙水压力。在本次闭库稳定性计算中,结合渗流模拟结果选用有效应力法。

(1)瑞典圆弧法

瑞典圆弧法通过对选定滑面后的土体进行任意条分,建立各条块的 X,Y 方向的力的平衡方程矩阵,通过求解所得的力矩平衡方程矩阵,得出稳定性系数,分析过程中不考虑土条之间的条间力作用。瑞典圆弧法的计算模型如图 5.14 所示,土条高为 h_i,宽为 b_i;W_i 为土条本身的自重力;N_i 为土条底部的总法向反力;T_i 为土条底部(滑裂面)上总的切向阻力;土条底部坡角为 α_i,长为 l_i;坡体容重为 γ_i;R 为滑裂面圆弧半径,AB 为滑裂圆弧面,x_i 为土条中心线到圆心 O 的水平距离。其稳定系数为

$$F_s = \frac{\sum \left[c_i l_i + (W_i \cos \alpha_i - u_i l_i) \tan \varphi_i \right]}{\sum W_i \sin \alpha_i} \tag{5.6}$$

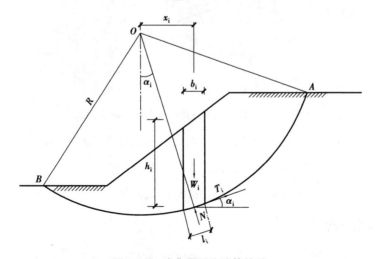

图 5.14　瑞典圆弧法计算简图

取单宽,即有 $W_i = \gamma_i h_i b_i$,则有

$$F_s = \frac{\sum \left[c_i + \gamma_i h_i \cos^2\alpha_i - u_i \right] b_i \sec \alpha_i \tan \varphi_i}{\sum \gamma_i h_i b_i \sin \alpha_i} \tag{5.7}$$

当土坡内部有地下水渗流作用时,滑动土体中存在渗透压力。边坡稳定分析计算时应考虑地下水渗透压力的影响。其具体计算公式为

$$F_s = \frac{\sum \left[c_i + (\gamma_i h_{1i} + \gamma_m h_{2i}) \cos^2\alpha_i - \gamma_\omega h_{\omega i} \right] b_i \sec \alpha_i \tan \varphi_i}{\sum (\gamma_i h_{1i} + \gamma_m h_{2i}) b_i \sin \alpha_i} \tag{5.8}$$

(2)简化 Bishop 法

简化 Bishop 法侧重解决边坡应力导致边坡介质产生剪切破坏的情形。该法假定滑动面为圆弧面,各土条之间的切向条间力略去不计,其计算简图如图5.15 所示。

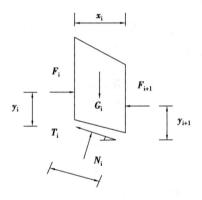

图 5.15　简化 Bishop 法计算简图

G_i—每一土条的重力;N_i—每一土条底部的法向反力;

T_i—每一土条底部的切向反力;F_i,F_{i+1}—相邻土条的法向条间力;

x_i—土条宽度;l_i—每一土条底部宽度;

y_i,y_{i+1}—两相邻土条条间力合力作用位置;θ_i—每一土条底部与水平面的夹角

稳定系数为

$$F_s = \frac{\sum \dfrac{1}{m_{\theta_i}} \left[c_i x_i + (G_i - u_i b_i) \tan \varphi_i \right]}{\sum G_i \sin \theta_i} \tag{5.9}$$

式中　u_i——孔隙压力；

　　　c_i、φ_i——有效抗剪强度指标。

2）尾矿库坝体稳定性计算模型

（1）稳定性计算荷载组合

滑石乡黄土坡汞矿选矿厂尾矿库所在区域地震设计烈度小于Ⅵ度，可不考虑地震因素对尾矿库的影响。由于本次稳定性计算采用有效应力法，依据《尾矿库安全规程》之尾矿坝荷载组合表，确定本次尾矿库坝体稳定性计算的荷载组合，见表5.3。

表5.3　稳定性计算条件的荷载组合（有效应力法）

计算工况条件	荷载类别				
	正常高水位的渗透压力	坝体自重	坝体及坝基的超静孔隙水压力	坝体及坝基的超静孔隙水压力	地震荷载
正常运行工况	有	有	有		
洪水运行工况		有	有	有	

（2）稳定性计算参数

尾矿库坝体稳定性分析成果的可靠性，在很大程度上取决于对抗剪强度试验方法和强度指标的正确选择。不同试验方法所引起的抗剪强度的差别往往超过不同稳定性分析方法之间的差别。考虑到已有试验资料，尾矿库长期处于稳定渗流的状态，以及本次稳定性计算所选取的计算方法（有效应力法），对尾矿物质选用固结快剪的试验参数作为计算指标，具体如表5.4所示。

表5.4　稳定性计算参数取值表

地层名称	代号	容重 $\gamma/(kN \cdot m^{-3})$	黏聚力 c/kPa	内摩擦角 $\varphi/(°)$
初期坝坝体	①₁	23.0	0	34

续表

地层名称	代号	容重 $\gamma/(kN \cdot m^{-3})$	黏聚力 c/kPa	内摩擦角 $\varphi/(°)$
初期坝尾矿体	①₂	18.4	50	20
堆积坝坝体	②₁	18.5	20	17
堆积坝尾矿体	②₂	17.9	45	15
排水棱体		20.0	0	30
中风化生物灰岩	③	26.5	3 500	30

3)尾矿库坝体稳定性计算结果与评价

(1)尾矿库滑移安全系数

根据《尾矿库安全规程》,结合尾矿库坝等级(四级),确定瑞典圆弧法的抗滑稳定最小安全系数为 1.15(正常运行)和 1.05(洪水运行)。坝坡抗滑稳定最小安全系数见表 5.5。

表 5.5 坝坡抗滑稳定最小安全系数

运行情况	坝的级别			
	1	2	3	4、5
正常运行	1.30	1.25	1.20	1.15
洪水运行	1.20	1.15	1.10	1.05
特殊运行	1.10	1.05	1.05	1.00

(2)稳定性计算结果

通过上述稳定性计算模型的建立,采用边坡计算软件自动搜索尾矿库坝内潜在的滑动面并计算分析尾矿库坝体可能存在的最危险滑坡的稳定性系数。为分析不同计算工况下的稳定性系数,在模块中调用渗流模拟中的地下水位,计算得出滑石乡黄土坡汞矿选矿厂尾矿库在初期坝、堆积坝工况下的最危险滑动面及稳定性系数,如图 5.16—图 5.21 所示。

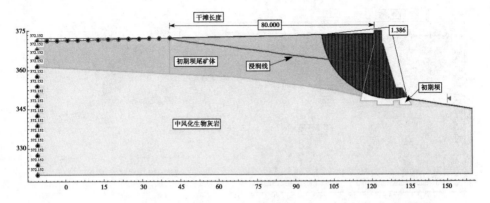

图 5.16　初期坝（坝顶标高 374.8 m）瑞典圆弧法最小稳定性系数滑动面图

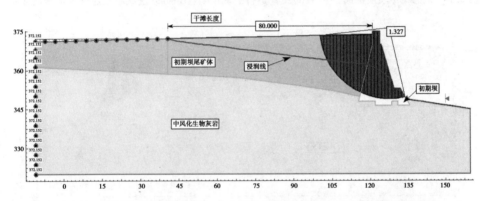

图 5.17　初期坝（坝顶标高 374.8 m）简化 Bishop 法最小稳定性系数滑动面图

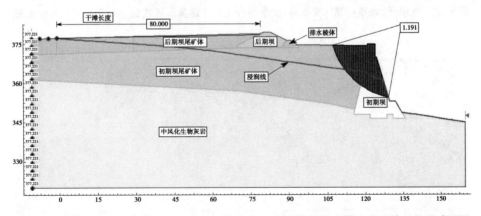

图 5.18　堆积坝（坝顶标高 379.3 m）正常运行工况下瑞典圆弧法最小稳定性系数滑动面图

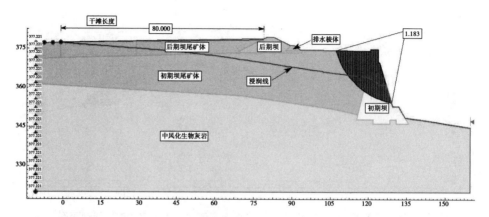

图 5.19 堆积坝(坝顶标高 379.3 m)正常运行工况下简化 Bishop 法最小稳定性系数滑动面图

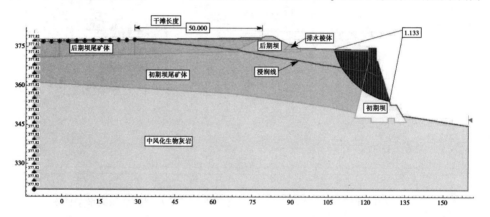

图 5.20 堆积坝(坝顶标高 379.3 m)洪水运行工况下瑞典圆弧法最小稳定性系数滑动面图

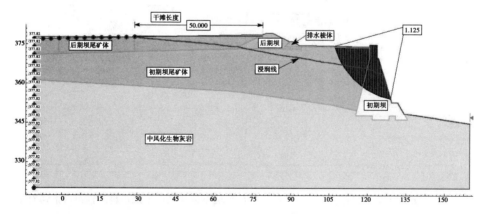

图 5.21 堆积坝(坝顶标高 379.3 m)洪水运行工况下简化 Bishop 法最小稳定性系数滑动面图

（3）稳定性计算结果分析

通过如表 5.6 所示的稳定性计算结果汇总可知,初期坝滑移稳定性系数均大于 1.15,处于稳定状态;堆积坝在正常水位运行工况下最小安全系数为 1.191(瑞典圆弧法),大于规范容许值 1.15,处于稳定状态;堆积坝在洪水水位运行工况下最小安全系数为 1.133(瑞典圆弧法),大于规范容许值 1.05,即堆积坝在上述两种工况下均处于稳定状态。洪水水位运行工况下的稳定性系数较正常水位运行工况下的稳定性系数低,稳定性下降幅度在 0.58(瑞典圆弧法),这主要是沉积干滩长度的减小使得尾矿库内地下水位升高所致;随着尾矿库坝后期的增高,稳定性系数呈现下降趋势,这主要是后期堆渣使得土体的侧向应力增大所致。

综上所述,滑石乡黄土坡汞矿选矿厂尾矿库坝体的沉积干滩长度在规范控制要求内,且初期坝坝底排渗措施正常时,堆积坝在不同运行状态下处于稳定状态。

表 5.6　滑石乡黄土坡汞矿选矿厂尾矿库坝稳定性计算结果汇总表

计算工况	状态	坝顶标高 /m	稳定性系数		安全系数	稳定性评价
			瑞典圆弧法	简化 Bishop 法		
初期坝	饱和	374.80	1.386	1.327	1.15	稳定
堆积坝	正常运行	379.30	1.191	1.183	1.15	稳定
	洪水运行		1.133	1.125	1.05	稳定

5.1.4　库面治理

库面自上游库顶向下游缓坡坡顶坡降 2%,依次向下铺设 HDPE 防渗土工膜、厚耕植土(堆积坝坝体上不设计覆盖,堆积坝下游为黏土、防渗土工膜及耕植土三层铺盖),播撒狗尾草种子恢复生态环境。滑石乡黄土坡汞矿选矿厂库面治理平面图如图 5.22 所示。

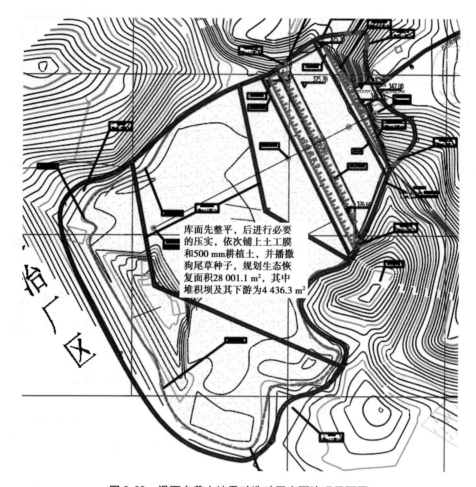

图 5.22　滑石乡黄土坡汞矿选矿厂库面治理平面图

HDPE 防渗土工膜指标及土工织物指标要求分别见表 5.7 和表 5.8。

表 5.7　HDPE 防渗土工膜指标

序号	指标	单位	要求	备注
1	厚度	mm	0.5(±5%)	膜厚
2	密度	g/cm³	≥0.9	
3	破坏拉应力	MPa	≥12	
4	断裂伸长率(纵/横)	%	≥300	
5	弹性模量(5 ℃)	MPa	≥70	

续表

序号	指标	单位	要求	备注
6	抗冻性(脆性温度)		≥−60°	
7	撕裂强度	N/mm	≥40	
8	渗透系数	cm/s	≤1.0×10⁻¹¹	

表5.8　土工织物指标表

序号	指标		单位	要求	测试方法
1	单位面积质量(密度)		g/m³	500	GB/T 13762—2009
2	厚度		mm	≥3.4	GB/T 13761.1—2022
3	组成			长丝纺粘针刺非制造土工布(涤纶 黑灰色)	
4	断裂强度	纵横向	kN/m	≥25.0	GB/T 15788—2017
	断裂伸长率		%	40~80	GB/T 15788—2017
5	CBR 顶破强度		kN	≥4.7	GB/T 14800—2010
6	撕破强度(纵横向)		kN	≥0.7	GB/T 13763—2010
7	等效孔径 O90(O95)		mm	0.07~0.20	GB/T 14799—2005
8	渗透系数	垂直	cm/s	0.02~0.76	SL/T 235—2012
		水平	cm/s	0.10~0.20	SL/T 235—2012
9	耐老化性能(老化时200 h)	径向断裂张力	kN	0.72	GB/T 16422.1—2019
		保持率	%	91.1	GB/T 3923.1—2013
10	幅宽		m	≥4.5	SL/T 235—2012

5.2 三都县金阳矿业选矿厂尾矿库坝体及库面治理技术

5.2.1 坝体稳定性复核计算

1)尾矿库坝体有关参数

根据三都县金阳矿业选矿厂尾矿库现状调查情况,总坝高 12.2 m,坝体分为初期坝和上部堆积坝,初期坝高 7.7 m,外坡坡比 1∶1,内坡坡比 1∶0.75,上部堆积坝高 4.5 m,堆积坝治理放坡后坡比 1∶2。初期坝为浆砌石砌筑而成,上部堆积坝筑坝物质为尾矿渣。复核计算是基于治理放坡后的坝体进行的。

坝坡稳定安全系数取 1.25,边坡稳定性计算依照《建筑边坡工程技术规范》(GB 50330—2013)第 5.2.3 条规定,采用岩土边坡软件按挡土墙稳定性进行复核。

岩土物理力学参数见表 5.9。

表 5.9 岩土物理力学参数

地层编号	地层名称	地基承载力/kPa			压缩模量 E_s/MPa	容重 γ /(kN·m⁻³)	黏聚力 c /kPa	内摩擦角 φ /(°)
		试验值	经验值	推荐值				
①	硬塑尾矿渣	160		160	9.35	19.4	20.706	21.592
②	可塑尾矿渣	130		130		21.3	16.56	17.3
③	强风化泥岩		600	600				

如图 5.23 所示,剖面 2—2′所在位置为最危险滑弧存在位置,故选取 2—2′剖面,采用岩土边坡软件对坝体进行稳定性分析计算。以 2—2′剖面为基础进行计算,如图 5.24 所示。

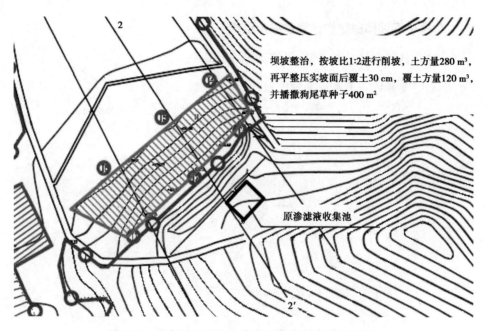

图 5.23　三都县金阳矿业选矿厂尾矿库剖面线布置图

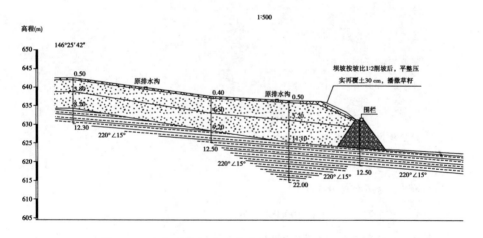

图 5.24　三都县金阳矿业选矿厂尾矿库 2—2′剖面图

2）尾矿库坝体稳定性计算过程及结果

（1）坝体稳定性分析计算的过程

重力式挡土墙验算［执行标准：通用］

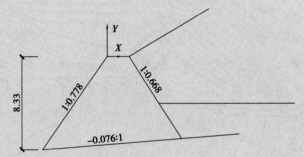

原始条件：

墙身尺寸：

　　墙身高：8.330 m

　　墙顶宽：2.090 m

　　面坡倾斜坡度：1：0.778

　　背坡倾斜坡度：1：0.668

　　墙底倾斜坡率：-0.076：1

物理参数：

　　圬工砌体容重：25.000 kN/m³

　　圬工之间摩擦系数：0.400

　　地基土摩擦系数：0.400

　　墙身砌体容许压应力：2 100.000 kPa

　　墙身砌体容许剪应力：100.000 kPa

　　墙身砌体容许拉应力：150.000 kPa

　　墙身砌体容许弯曲拉应力：100.000 kPa

　　场地环境：一般地区

　　墙背与墙后填土摩擦角：10.000°

地基土容重:23.000 kN/m³

地基土浮容重:10.000 kN/m³

修正后地基承载力特征值:600.000 kPa

地基承载力特征值提高系数:

墙趾值提高系数:1.200

墙踵值提高系数:1.300

平均值提高系数:1.000

墙底摩擦系数:0.400

地基土类型:岩石地基

地基土内摩擦角:50.000°

地基土黏聚力:18.000 kPa

墙后填土土层数:2

土层号	层厚 /m	容重 /(kN·m⁻³)	浮容重 /(kN·m⁻³)	内摩擦角 /(°)	黏聚力 /kPa	土压力 调整系数
1	4.940	19.400	—	21.592	20.706	1.000
2	5.790	21.300	—	17.300	16.560	1.000

土压力计算方法:库仑

坡线土柱:

坡面线段数:3

折线序号	水平投影长/m	竖向投影长/m	换算土柱数
1	10.130	4.470	0
2	28.970	1.530	0
3	38.080	5.010	0

坡面起始距离:0.000 m

地面横坡角度:4.000°

填土对横坡面的摩擦角:24.000°

墙顶标高:0.000 m

计算参数:

 稳定计算目标:自动搜索最危险滑裂面

 搜索时的圆心步长:5.000 m

 搜索时的半径步长:5.000 m

 筋带对稳定的作用:筋带力沿圆弧切线

按照第 1 种情况计算(一般情况):

[土压力计算] 计算高度为 7.308 m 处的库仑主动土压力

按实际墙背计算得到:

第 1 破裂角 =48.538°

E_a =590.636 kN,E_x =426.705 kN,E_y =408.380 kN,作用点高度 Z_y =1.680 m

因为俯斜墙背,需判断第二破裂面是否存在,计算后发现第二破裂面存在:

第 2 破裂角 =30.443°,第 1 破裂角 =37.066°

E_a =481.830 kN,E_x =305.544 kN,E_y =372.563 kN,作用点高度 Z_y =2.600 m

墙身截面积 =60.352 m²,重量 =1 508.804 kN

墙背与第二破裂面之间土楔重(包括超载)=44.468 kN

重心坐标(3.872,-2.367)(相对于墙面坡上角点)

①滑动稳定性验算

 基底摩擦系数 =0.400

 采用倾斜基底增强抗滑动稳定性,计算过程如下:

 基底倾斜角度 =-4.346°

 W_n =1 548.806 kN,E_n =348.337 kN,W_t =-117.709 kN

 E_t =332.899 kN

 滑移力 =450.608 kN,抗滑力 =758.857 kN

 滑移验算满足:K_c =1.684>1.300

 地基土层水平向:滑移力 =305.544 kN,抗滑力 =707.069 kN

 地基土层水平向:滑移验算满足 K_{c2} =2.314>1.300

②倾覆稳定性验算

相对于墙趾点,墙身重力的力臂 $Z_w = 7.006$ m

相对于墙趾点,E_y 的力臂 $Z_x = 11.924$ m

相对于墙趾点,E_x 的力臂 $Z_y = 3.622$ m

验算挡土墙绕墙趾的倾覆稳定性

倾覆力矩 = 1 106.787 kN·m,抗倾覆力矩 = 15 473.312 kN·m

倾覆验算满足:$K_0 = 13.980 > 1.500$

③地基应力及偏心距验算

基础类型为天然地基,验算墙底偏心距及压应力

取倾斜基底的倾斜宽度验算地基承载力和偏心距

作用于基础底的总竖向力 = 1 897.142 kN,作用于墙趾下点的总弯矩 = 14 366.524 kN·m

基础底面宽度 $B = 13.491$ m,偏心距 $e = 0.827$ m

基础底面合力作用点距离基础趾点的距离 $Z_n = 7.573$ m

基底压应力:趾部 = 192.356,踵部 = 88.889 kPa

最大应力与最小应力之比 = 192.356/88.889 = 2.164

作用于基底的合力偏心距验算满足:$e = 0.827 \leqslant 0.250 \times 13.491 = 3.373$ m

墙趾处地基承载力验算满足:压应力 = 192.356 ≤ 720.000 kPa

墙踵处地基承载力验算满足:压应力 = 88.889 ≤ 780.000 kPa

地基平均承载力验算满足:压应力 = 140.623 ≤ 600.000 kPa

④基础强度验算

基础为天然地基,不作强度验算

⑤墙底截面强度验算

验算截面以上,墙身截面积 = 67.578 m²,重量 = 1 689.447 kN

相对于验算截面外边缘,墙身重力的力臂 $Z_w = 7.240$ m

相对于验算截面外边缘,E_y 的力臂 $Z_x = 11.715$ m

相对于验算截面外边缘,E_x 的力臂 $Z_y = 3.622$ m

［容许应力法］

法向应力检算：

作用于验算截面的总竖向力=1 893.550 kN,作用于墙趾下点的总弯矩=13 515.938 kN·m

相对于验算截面外边缘,合力作用力臂 Z_n=7.138 m

截面宽度 B=14.135 m,偏心距 e_1=0.070 m

截面上偏心距验算满足: e_1=0.070≤0.300×14.135=4.241 m

截面上压应力:面坡=137.957,背坡=129.963 kPa

压应力验算满足:计算值=137.957≤2 100.000 kPa

切向应力检算：

剪应力验算满足:计算值=-31.968≤100.000 kPa

⑥整体稳定验算

最不利滑动面：

圆心:(-1.367 68,67.122 56)

半径=75.779 16 m

安全系数=4.142

总的下滑力=1 748.459 kN

总的抗滑力=7 242.391 kN

土体部分下滑力=1 748.459 kN

土体部分抗滑力=7 242.391 kN

筋带的抗滑力=0.000 kN

⑦整体稳定验算

满足:最小安全系数=4.142≥1.250

(2)各组合最不利结果

①滑移验算

安全系数最不利为:组合1(一般情况)

抗滑力=758.857 kN,滑移力=450.608 kN

滑移验算满足:K_c=1.684>1.300

安全系数最不利为:组合1(一般情况)

抗滑力=707.069 kN,滑移力=305.544 kN

地基土层水平向:滑移验算满足:K_{c2}=2.314>1.300

②倾覆验算

安全系数最不利为:组合1(一般情况)

抗倾覆力矩=15 473.312 kN·m,倾覆力矩=1 106.787 kN·m

倾覆验算满足:K_0=13.980>1.500

③地基验算

作用于基底的合力偏心距验算最不利为:组合1(一般情况)

作用于基底的合力偏心距验算满足:e=0.827≤0.250×13.491=3.373 m

墙趾处地基承载力验算最不利为:组合1(一般情况)

墙趾处地基承载力验算满足:压应力=192.356≤720.000 kPa

墙踵处地基承载力验算最不利为:组合1(一般情况)

墙踵处地基承载力验算满足:压应力=88.889≤780.000 kPa

地基平均承载力验算最不利为:组合1(一般情况)

地基平均承载力验算满足:压应力=140.622≤600.000 kPa

④基础验算

不做强度计算。

⑤墙底截面强度验算

[容许应力法]

截面上偏心距验算最不利为:组合1(一般情况)

截面上偏心距验算满足:e_1=0.070≤0.300×14.135=4.241 m

压应力验算最不利为:组合1(一般情况)

压应力验算满足:计算值=137.957≤2 100.000 kPa

拉应力验算最不利为:组合1(一般情况)

拉应力验算满足:计算值=0.000≤100.000 kPa

> 剪应力验算最不利为:组合1(一般情况)
>
> 剪应力验算满足:计算值=-31.968≤100.000 kPa
>
> ⑥整体稳定验算
>
> 整体稳定验算最不利为:组合1(一般情况)

(3)整体稳定性验算

整体稳定性验算满足:最小安全系数=4.142≥1.250。

根据以上稳定性计算结果,尾矿库坝体稳定性系数4.14>1.25,坝体为稳定状态,无须进行坝体加固。

坝坡局部出现表层垮塌,需进行放坡处理。

5.2.2　坝体治理

堆积坝坝坡按1∶2的坡比进行放坡,土方量280 m^3,坡面削坡后需进行压坡再覆土复绿。

5.2.3　库面治理

库面整体沿库尾至初期坝呈2%坡率,坡面覆土30 cm,覆土方量120 m^3,并播撒狗尾草种子400 m^2。

5.3　三都县金盈矿业选矿厂尾矿库坝体及库面治理技术

5.3.1　坝体现状

根据三都县金盈矿业选矿厂尾矿库现状调查情况,初期坝高7 m,坝顶宽4 m,坝长55 m,外坡坡比1∶1.5,内坡坡比1∶0.4。目前坝坡稳定,未出现垮塌现象。根据钻探揭露,现对坝体形态特征描述如下:

初期坝平面上呈直线,坝体走向约 106°,坡向 16°。边坡工程安全等级为二级。

初期坝为土石坝体,坝后无尾矿渣堆积,无土压力等影响,现状为稳定状态。但初期坝至堆积坝有 50 m 长的区域为堆积矿渣,该区域凹陷且积水严重,如图 5.25 所示。

图 5.25　初期坝至堆积坝之间区域积水严重

5.3.2　坝体治理

为了保证库区不再积水,将部分土石坝坝体拆除。拆除后,初期坝剩余高度 3 m,初期坝下游与坝前库面基本齐平,故闭库治理时不再对初期坝进行稳定性复核。具体的治理技术如图 5.26 所示。

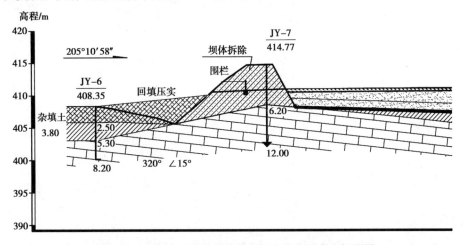

图 5.26　三都县金盈矿业选矿厂尾矿库库面治理剖面图

将部分土石坝坝体机械拆除至标高 411′ m，将拆除后的坝体碎石土方运至初期坝至堆积坝之间回填压实。初期坝拆除至 411 m 后整平坝顶，从坝前向库面形成比较平缓的坡度，平整后复绿。

5.3.3　库面治理

目前库面为较平缓场地，局部存在堆积的小山包，以及坑洼地带，部分区域有积水现象。

对库面堆积的小山包进行削方后，产生的尾矿渣用于回填初期坝至堆积坝的低洼区域，削方回填量 5 160 m³。在该区域回填前先进行排水和场地平整，再铺设 HDPE 防渗土工膜、厚耕植土（堆积坝坝体上不设计覆盖，堆积坝下游为黏土、防渗土工膜及耕植土三层铺盖）。

对整个库面沿库尾至初期坝按 2% 的坡率进行场地平整，平整面积 23 468 m²。

为了达到绿色、生态、环保的目的，对坡面进行植被恢复。在库面覆土厚 50 cm 后播撒狗尾草种子。该尾矿库库面具体的治理技术如图 5.27 所示。

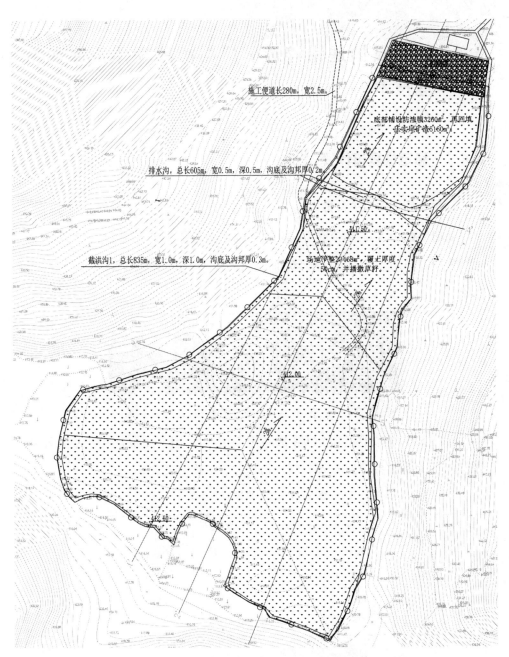

图 5.27　三都县金盈矿业选矿厂尾矿库库面治理平面图

5.4 三都县恒通铅锌选矿厂尾矿库坝体及库面治理技术

5.4.1 稳定性复核计算

1)尾矿库坝体有关参数

初期坝高 10.5 m,坝顶宽 4 m,坝长 50 m。外坡近乎垂直,内坡坡比 1∶0.5,无堆积坝。初期坝为浆砌石砌筑而成(图 5.28),目前坝体稳定,未见垮塌现象。

图 5.28 浆砌石初期坝

据《尾矿设施设计规范》(GB 50863—2013),采用 Bishop 法进行稳定性计算,其安全系数需要达到 1.25。岩土物理力学参数见表 5.10。

表 5.10 岩土物理力学参数

地层编号	地层名称	地基承载力/kPa			压缩模量 E_s/MPa	γ /(kN·m⁻³)	c /kPa	φ /(°)
		试验值	经验值	推荐值				
①	硬塑尾矿渣	189		190	10.2	19.3	23.474	21.376
②	可塑尾矿渣	150		150		21.3	18.78	17.1
③	强风化泥岩		600	600				

从图 5.29 可以看出,尾矿库剖面 H2—H2′所在位置为最危险滑弧存在位置,故选取 H2—H2′剖面,采用岩土边坡软件对坝体进行稳定性分析计算。计

算剖面采用坝体治理后的 H2—H2′ 剖面进行,如图 5.30 所示。

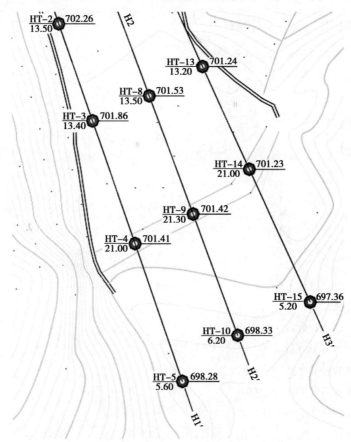

图 5.29　三都县恒通铅锌选矿厂尾矿库剖面线布置图

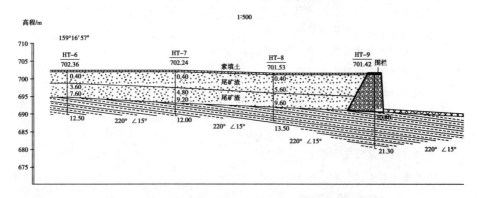

图 5.30　三都县恒通铅锌选矿厂尾矿库 H2—H2′剖面图

2)尾矿库坝体稳定性计算过程及结果

(1)坝体稳定性分析计算过程

重力式挡土墙验算[执行标准:通用]
计算项目:重力式挡土墙1

___

原始条件(计算简图):

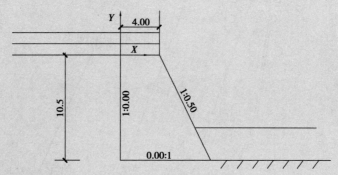

墙身尺寸:

　墙身高:10.500 m

　墙顶宽:4.000 m

　面坡倾斜坡度:1:0.000

　背坡倾斜坡度:1:0.500

　墙底倾斜坡率:0.000:1

物理参数:

　圬工砌体容重:25.000 kN/m³

　圬工之间摩擦系数:0.400

　地基土摩擦系数:0.400

　墙身砌体容许压应力:2 100.000 kPa

　墙身砌体容许剪应力:100.000 kPa

　墙身砌体容许拉应力:150.000 kPa

　墙身砌体容许弯曲拉应力:100.000 kPa

　场地环境:一般地区

　墙背与墙后填土摩擦角:20.300°

　地基土容重:23.000 kN/m³

　地基土浮容重:10.000 kN/m³

修正后地基承载力特征值:600.000 kPa

地基承载力特征值提高系数:

　　墙趾值提高系数:1.200

　　墙踵值提高系数:1.300

　　平均值提高系数:1.000

墙底摩擦系数:0.400

地基土类型:岩石地基

地基土内摩擦角:50.000°

地基土黏聚力:18.000 kPa

墙后填土土层数:2

土层号	层厚/m	容重/(kN·m⁻³)	浮容重/(kN·m⁻³)	内摩擦角/(°)	黏聚力/kPa	土压力调整系数
1	6.300	19.300	—	21.376	23.474	1.000
2	4.200	21.300	—	17.100	18.780	1.000

土压力计算方法:库仑坡线土柱:

坡面线段数:1

折线序号	水平投影长/m	竖向投影长/m	换算土柱数
1	50.000	0.000	0

坡面起始距离:50.000 m

地面横坡角度:3.000°

填土对横坡面的摩擦角:35.000°

墙顶标高:0.000 m

计算参数:

　　稳定计算目标:自动搜索最危险滑裂面

　　搜索时的圆心步长:1.000 m

　　搜索时的半径步长:1.000 m

　　筋带对稳定的作用:筋带力沿圆弧切线

按照第 1 种情况计算(一般情况):

[土压力计算] 计算高度为 10.500 m 处的库仑主动土压力

按实际墙背计算得到:

第 1 破裂角:35.287°

$E_a = 1\ 061.011$ kN,$E_x = 725.434$ kN,$E_y = 774.268$ kN,作用点高度 $Z_y = 3.582$ m

因为俯斜墙背,需判断第二破裂面是否存在,计算后发现第二破裂面不存在

墙身截面积 = 69.563 m²,重量 = 1 739.063 kN

墙顶上的土重(包括超载)= 0 kN

① 滑动稳定性验算

基底摩擦系数 = 0.400

滑移力 = 725.434 kN,抗滑力 = 1 005.332 kN

滑移验算满足:$K_c = 1.386 > 1.300$

② 倾覆稳定性验算

相对于墙趾点,墙身重力的力臂 $Z_w = 3.486$ m

相对于墙趾点,E_y 的力臂 $Z_x = 7.459$ m

相对于墙趾点,E_x 的力臂 $Z_y = 3.582$ m

验算挡土墙绕墙趾的倾覆稳定性

倾覆力矩 = 2 598.189 kN·m,抗倾覆力矩 = 11 837.544 kN·m

倾覆验算满足:$K_0 = 4.556 > 1.500$

③ 地基应力及偏心距验算

基础类型为天然地基,验算墙底偏心距及压应力

作用于基础底的总竖向力 = 2 513.331 kN,作用于墙趾下点的总弯矩 = 9 239.355 kN·m

基础底面宽度 $B = 9.250$ m,偏心距 $e = 0.949$ m

基础底面合力作用点距离基础趾点的距离 $Z_n = 3.676$ m

基底压应力:趾部 = 438.944,踵部 = 104.479 kPa

最大应力与最小应力之比 =438.944/104.479=4.201

作用于基底的合力偏心距验算满足：

$e=0.949 \leqslant 0.250 \times 9.250=2.313$ m

墙趾处地基承载力验算满足：压应力 =438.944 $\leqslant$ 720.000 kPa

墙踵处地基承载力验算满足：压应力 =104.479 $\leqslant$ 780.000 kPa

地基平均承载力验算满足：压应力 =271.711 $\leqslant$ 600.000 kPa

④ 基础强度验算

基础为天然地基，不作强度验算

⑤ 墙底截面强度验算

验算截面以上，墙身截面积 =69.563 m^2，重量 =1 739.063 kN

相对于验算截面外边缘，墙身重力的力臂 $Z_w=3.486$ m

相对于验算截面外边缘，E_y 的力臂 $Z_x=7.459$ m

相对于验算截面外边缘，E_x 的力臂 $Z_y=3.582$ m

[容许应力法]

法向应力检算：

作用于验算截面的总竖向力 =2 513.331 kN，作用于墙趾下点的总弯矩 =9 239.355 kN·m

相对于验算截面外边缘，合力作用力臂 $Z_n=3.676$ m

截面宽度 $B=9.250$(m)，偏心距 $e_1=0.949$ m

截面上偏心距验算满足：$e_1=0.949 \leqslant 0.300 \times 9.250=2.775$ m

截面上压应力：面坡 =438.944，背坡 =104.479 kPa

压应力验算满足：计算值 =438.944 $\leqslant$ 2 100.000 kPa

切向应力检算：

剪应力验算满足：计算值 =-30.259 $\leqslant$ 100.000 kPa

⑥ 整体稳定验算

最不利滑动面：

圆心：(-0.506 58,3.150 00)

半径=16.783 44 m

安全系数=3.384

总的下滑力=1 327.004 kN

总的抗滑力=4 490.786 kN

土体部分下滑力=1 327.004 kN

土体部分抗滑力=4 490.786 kN

筋带的抗滑力=0.000 kN

整体稳定验算满足:最小安全系数=3.384≥1.250

(2)各组合最不利结果

①滑移验算

安全系数最不利为:组合1(一般情况)

抗滑力=1 005.332 kN,滑移力=725.434 kN

滑移验算满足:K_c=1.386>1.300

②倾覆验算

安全系数最不利为:组合1(一般情况)

抗倾覆力矩=11 837.544 kN·m,倾覆力矩=2 598.189 kN·m

倾覆验算满足:K_0=4.556>1.500

③地基验算

作用于基底的合力偏心距验算最不利为:组合1(一般情况)

作用于基底的合力偏心距验算满足:e=0.949≤0.250×9.250=2.313 m

墙趾处地基承载力验算最不利为:组合1(一般情况)

墙趾处地基承载力验算满足:压应力=438.944≤720.000 kPa

墙踵处地基承载力验算最不利为:组合1(一般情况)

墙踵处地基承载力验算满足:压应力=104.479≤780.000 kPa

地基平均承载力验算最不利为:组合1(一般情况)

地基平均承载力验算满足:压应力=271.711≤600.000 kPa

④基础验算

不做强度计算

⑤墙底截面强度验算

[容许应力法]

截面上偏心距验算最不利为:组合 1(一般情况)

截面上偏心距验算满足:$e_1 = 0.949 \leqslant 0.300 \times 9.250 = 2.775$ m

压应力验算最不利为:组合 1(一般情况)

压应力验算满足:计算值 $= 438.944 \leqslant 2\,100.000$ kPa

拉应力验算最不利为:组合 1(一般情况)

拉应力验算满足:计算值 $= 0.000 \leqslant 100.000$ kPa

剪应力验算最不利为:组合 1(一般情况)

剪应力验算满足:计算值 $= -30.259 \leqslant 100.000$ kPa

⑥整体稳定验算

整体稳定验算最不利为:组合 1(一般情况)

整体稳定验算满足:最小安全系数 $= 3.384 \geqslant 1.250$

根据以上稳定性计算结果,尾矿坝稳定性系数 1.606>1.25,坝坡为稳定状态,无须进行坝体加固。

5.4.2　库面治理

三都县恒通铅锌选矿厂尾矿库库面整体沿库尾至初期坝呈 2% 坡率,库区未见积水。库面覆土 30 cm,现植被良好,无须治理。

5.5　本章小结

本章对滑石乡黄土坡汞矿选矿厂尾矿库、三都县金阳矿业选矿厂尾矿库、三都县恒通铅锌选矿厂尾矿库的坝体稳定性采用岩土边坡计算软件进行复核计算(三都县金盈矿业选矿厂尾矿库因治理后坝体需要局部拆除,拆除后剩余坝体已经与坝体上游及下游标高基本平齐,故无须再做复核计算),得出4家尾矿库坝体均稳定的结论;根据尾矿库现状情况及周边环境,滑石乡黄土坡汞矿选矿厂尾矿库、三都县恒通铅锌选矿厂尾矿库及三都县金阳矿业选矿厂尾矿库的初期坝坝体予以保留,且对三都县金阳矿业选矿厂尾矿库的堆积坝进行放坡1∶2处理;三都县金盈矿业选矿厂尾矿库的初期坝坝体高度较小且库区已经与周边环境融为一体,故将初期坝坝体拆除填入原初期坝与堆积坝之间的凹陷处,实现从堆积坝坝顶到原初期坝坝脚自然1∶2的坡比,满足安全要求。滑石乡黄土坡汞矿选矿厂尾矿库因属于四等库,故增加渗流稳定性分析,分析结论为符合安全要求。

滑石乡黄土坡汞矿选矿厂尾矿库、三都县金阳矿业选矿厂尾矿库、三都县金盈矿业选矿厂尾矿库及三都县恒通铅锌选矿厂尾矿库的库面整平后依次向下铺设HDPE防渗土工膜、厚耕植土(堆积坝坝体上不设计覆盖,堆积坝下游为黏土、防渗土工膜及耕植土三层铺盖),播撒狗尾草种子恢复生态环境;三都县恒通铅锌选矿厂尾矿库库面植被较好,无须治理。

第6章 闭库尾矿库排洪排水系统治理技术

6.1 滑石乡黄土坡汞矿选矿厂尾矿库排洪排水系统治理技术

6.1.1 滑石乡黄土坡汞矿选矿厂尾矿库排洪排水系统现状

库内设置两条永久库面排洪沟 $B×H=1.0$ m×0.8 m,总长 345 m;环绕库区设置一条环形截洪沟 $B×H=1.2$ m×0.9 m,总长 544 m;坝体与山体结合处设置岸边排洪沟 $B×H=1.2$ m×0.9 m,总长 197 m,排到库区下游的消能池,以保证该尾矿库的安全闭库。同时堆积坝上游坝面与库面结合处、排水棱体顶修筑的排水沟与岸边排洪沟相接,尺寸为 $B×H=0.3$ m×0.2 m。截洪沟和排洪沟总长约为 1 086 m。

截洪沟和排洪沟采用 M7.5 浆砌石砌筑,抹 M10 水泥砂浆(厚 2 cm),沟两侧及底板厚 20 cm,坡度较陡的部位设置跌水坎消能,跌水坎分 A、B 两型,宽×高分别为 1.0 m×0.5 m 和 1.0 m×0.3 m。库面排洪沟坡度为 1%,截洪沟及岸边排洪沟坡度依地形设置且大于 1%。

本次闭库治理优先利旧,若有经复核不符合排洪要求的排洪构筑物,再考虑改造或新建。

6.1.2 滑石乡黄土坡汞矿选矿厂尾矿库排洪排水系统复核计算

1)防洪标准

根据该尾矿库的全库容及坝高,按照《尾矿设施设计规范》要求:闭库治理后该尾矿库等别为四等库,相应的洪水重现期初期应按 20~30 年考虑,中、后期则按 50~100 年考虑。考虑到该尾矿库可能会对下游造成的危害程度等因素,确定该尾矿库闭库按 50 年一遇洪水的防洪标准进行设计,按 200 年一遇洪水的防洪标准进行校核。

尾矿库库区汇水面积为 0.058 9 km²,根据该尾矿库布置情况,将尾矿库集水流域分为 3 个区:1 区为库岸截洪沟以内的集水区,汇水面积 0.033 7 km²;2 区为山脊与左岸截洪沟山体坡面集水区,汇水面积 0.014 7 km²;3 区为山脊与右岸截洪沟山体坡面集水区,汇水面积 0.010 5 km²。具体分区如图 6.1 所示。

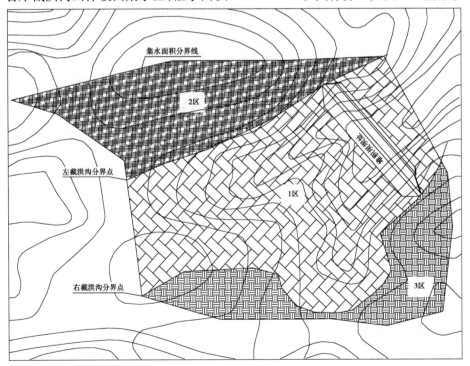

图 6.1 滑石乡黄土坡汞矿选矿厂尾矿库集水流域分区图

2）洪水计算

洪水量计算包括洪峰流量及洪水总量。其中，洪峰流量采用以推理公式法为基础的简化推理公式计算，其公式的形式为

$$Q_p = 0.278 \cdot C \frac{\phi S_p}{\tau} F \tag{6.1}$$

$$\tau = 0.278 \frac{L}{V} \tag{6.2}$$

$$V = mJ^{1/3} Q_p^{\lambda} \tag{6.3}$$

式中　Q_p——设计频率 p 的洪峰流量，m^3/s；

　　　V——平均汇流速度，m/s；

　　　F——汇流面积，km^2；

　　　L——主河道长度，km；

　　　J——主河道的平均比降；

　　　S_p——设计频率 p 的暴雨雨力，mm/h；

　　　τ——流域汇流时间，h；

　　　m, C, ϕ——汇流参数，洪峰径流系数，暴雨点面折减系数取 1；

　　　λ, n_1——洪峰流量经验指数取 0.25，暴雨递减指数。

按《贵州省暴雨洪水计算实用手册》查取有关参数计算。

洪水总量为流域汇流时间内的洪峰流量总和，计算公式为

$$W_p = 1\ 000 C \phi H_{24p} F \tag{6.4}$$

式中　H_{24p}——最大 24 h 设计雨量，mm。

（1）设计暴雨量

根据《贵州省暴雨洪水计算实用手册》年最大 24 h 暴雨均直线图及尾矿库设计资料，可得：

$$H_{24p} = 101.36\ mm, C_v = 0.5, C_s = 3.5 C_v, n_1 = 0.7$$

查皮尔逊Ⅲ型曲线得 K_p（模比系数），并根据公式计算各种历时的设计暴雨量，见表 6.1。

表 6.1 S_p 值计算表

频率 P/%	n_1	K_p	$\overline{H}_{24}/mm$	H_{24p}/mm	$S_p/(mm \cdot h^{-1})$
2	0.7	2.42	101.36	245.29	94.54
0.5	0.7	3.06	101.36	310.16	119.54

注：$\overline{H}_{24}$ 为年最大 24 h 降雨量均值。

（2）最大洪峰流量

采用推理公式计算最大洪峰流量，见表 6.2—表 6.4。

表 6.2 f、θ、m 值计算表

集水区域	γ_1	J	L/km	F/km^2	f	θ	m
1 区	0.38	0.130 0	0.263 0	0.033 7	0.487	1.212	0.396
2 区	0.38	0.026 5	0.247 8	0.014 7	0.239	2.387	0.460
3 区	0.38	0.035 2	0.379 9	0.010 5	0.073	3.621	0.504

注：γ_1 为汇流参数值（查表值）；f 为流域形状系数；θ 为流域几何特征值；m 为汇流参数值（验证值）。

表 6.3 最大洪峰流量值计算表

集水区域	频率 P/%	γ_1	f	J	F/km^2	C	S_p /(mm·h^{-1})	Q_p /(m^3·S^{-1})
1 区	2.0	0.38	0.487	0.1300	0.033 7	0.89	94.541	1.350
	0.5	0.38	0.487	0.1300	0.033 7	0.90	119.543	1.788
2 区	2.0	0.38	0.239	0.026 5	0.014 7	0.89	94.541	0.435
	0.5	0.38	0.239	0.026 5	0.014 7	0.90	119.543	0.575
3 区	2.0	0.38	0.073	0.035 2	0.010 5	0.89	94.541	0.258
	0.5	0.38	0.073	0.035 2	0.010 5	0.90	119.543	0.341

表6.4　汇流时间计算表

集水区域	频率 P/%	m	J	Q_p /(m³·S⁻¹)	λ	V /(m·S⁻¹)	L/km	τ/h
1 区	2.0	0.396	0.13	1.350	0.25	0.216	0.263	0.338
	0.5	0.396	0.13	1.788	0.25	0.232	0.263	0.315
2 区	2.0	0.460	0.026 5	0.435	0.25	0.111	0.247 8	0.618
	0.5	0.460	0.026 5	0.575	0.25	0.119	0.247 8	0.577
3 区	2.0	0.504	0.035 2	0.258	0.25	0.118	0.379 9	0.897
	0.5	0.504	0.035 2	0.341	0.25	0.126	0.379 9	0.836

经计算,设计洪峰流量:1 区为 1.350 m³/s,2 区为 0.435 m³/s,3 区为 0.258 m³/s,总计为 2.043 m³/s。校核洪峰流量:1 区为 1.788 m³/s,2 区为 0.575 m³/s,3 区为 0.341 m³/s,总计为 2.704 m³/s。汇流时间均小于 1 h。

(3)洪水总量

洪水总量 W_p 计算结果见表6.5。

表6.5　洪水总量计算表

集水区域	频率 P/%	H_{24p}/mm	C	φ	F/km²	W_p/m³
1 区	2.0	245.291	0.89	1	0.033 7	7 357.02
	0.5	310.162	0.90	1	0.033 7	9 407.20
2 区	2.0	245.291	0.89	1	0.014 7	3 209.14
	0.5	310.162	0.90	1	0.014 7	4 103.44
3 区	2.0	245.291	0.89	1	0.010 5	2 292.25
	0.5	310.162	0.90	1	0.010 5	2 931.03

经计算,设计洪水总量:1 区为 7 357.02 m³,2 区为 3 209.14 m³,3 区为 2 292.25 m³,总计为 12 858.41 m³。校核洪水总量:1 区为 9 407.20 m³,2 区为 4 103.44 m³,3 区为 2 931.03 m³,总计为 16 441.67 m³。

尾矿库目前堆筑已满,没有调洪库容,库区排水主要靠截洪沟分流截水,排水设施能快速有效地排出洪水。为了安全闭库,按 200 年一遇洪水的防洪标准设计洪峰流量进行设防。设计洪峰流量:1 区为 1.788 m³/s,2 区为 0.575 m³/s,3 区为 0.341 m³/s,总计为 2.704 m³/s。设计库内洪水量:1 区为 9 407.20 m³,2 区为 4 103.44 m³,3 区为 2 931.03 m³,总计为 16 441.67 m³。

(4)排水构筑物

对尾矿库排水构筑物进行校核:永久库面排洪沟 $B×H = 1.0$ m×0.8 m(设计水深为 0.6 m);环库截洪沟 $B×H = 1.2$ m×0.9 m(设计水深为 0.7 m);坝体与山体结合处设置岸边排洪沟 $B×H = 1.2$ m×0.9 m(设计水深为 0.7 m),同时堆积坝上游坝面与库面结合处及排水棱体顶修筑排水沟与岸边排洪沟相接,尺寸为 $B×H = 0.3$ m×0.2 m。

截洪沟和排洪沟采用 M7.5 浆砌石砌筑,抹 M10 水泥砂浆(厚 2 cm),沟两侧及底板厚 20 cm,坡度较陡的部位设置跌水坎消能,跌水坎分 A、B 两型,宽×高分别为 1.0 m×0.5 m 和 1.0 m×0.3 m。库面排洪沟坡度为 1%,截洪沟及岸边排洪沟坡度依地形设置且大于 1%。

截洪沟按全流域汇水的洪峰流量进行设计,截洪沟结构采用浆砌结构,计算公式如下:

流量公式为

$$Q = \omega \cdot V \tag{6.5}$$

式中　Q——流量,m³/s;

　　　ω——过水断面面积,m²;

　　　V——水流平均流速,m/s。

流速公式为

$$V = C\sqrt{R \cdot I} \tag{6.6}$$

式中　R——水力半径(过水断面面积与湿周的比值),m;

　　　I——水力坡度;

　　　C——流速系数(谢才系数)。

曼宁公式：

$$C = \frac{1}{n}R^{\frac{1}{6}} \tag{6.7}$$

式中 n——沟壁粗糙系数(据材料而定)。

参数选取:坡度按 1%,粗率 $n = 0.023$,计算断面为明渠矩形断面,具体计算见表 6.6 和表 6.7。

表 6.6 ω、R、C 值计算表

排洪设施	B/m	设计水深/m	ω/m	R/m	n	C
库面排洪沟	1.0	0.6	0.60	0.273	0.023	35.013
环形截洪沟	1.2	0.7	0.84	0.323	0.023	36.016
岸边排洪沟	1.2	0.7	0.84	0.323	0.023	36.016

表 6.7 排洪流量 Q 值计算表

排洪设施	R/m	C	I	ω/m^2	$Q/(m^3 \cdot S^{-1})$
库面排洪沟	0.273	35.013	0.01	0.60	1.097
环形截洪沟	0.323	36.016	0.01	0.84	1.720
岸边排洪沟	0.323	36.016	0.01	0.84	1.720

经计算,水深为 0.6 m 时,库面排洪沟泄洪流量为 $Q = 1.097$ m³/s,两条共 2.194 m³/s,大于库面校核洪峰流量,满足库面(1 区)排洪;水深为 0.7 m 时,环形截洪沟和岸边排洪沟泄洪流量为 $Q = 1.720$ m³/s,由于岸边排洪沟左右各一条,因此总的泄洪流量为 3.440 m³/s,大于库区校核洪峰流量,满足尾矿库库区排洪。

6.1.3 滑石乡黄土坡汞矿选矿厂尾矿库排洪排水系统治理

为了防止排出的尾矿渗水污染环境,闭库治理在库区下游新建水处理池,

断面 $B×H×L$=12.5 m×3.5 m×10.5 m,可蓄水 459.375 m³,采用钢筋混凝土结构,渗水经处理后进入消能池,最终通过排水沟排入下游河流中,消能池断面 $B×H×L$=15 m×3.5 m×2.5 m,可蓄水 131.25 m³,采用钢筋混凝土结构。

滑石乡黄土坡汞矿选矿厂尾矿库新建水处理池及消能池如图 6.2 所示,排洪排水系统治理如图 6.3 所示。

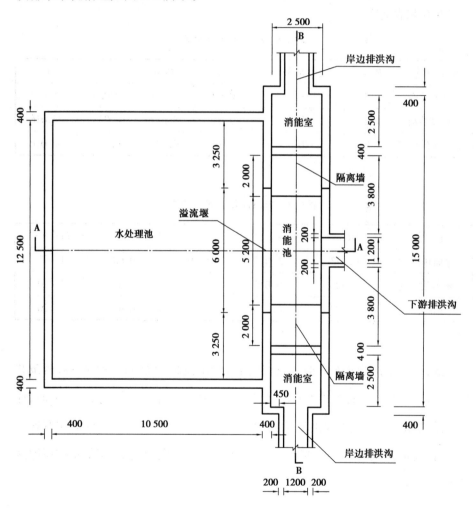

图6.2 滑石乡黄土坡汞矿选矿厂尾矿库新建水处理池及消能池平面图

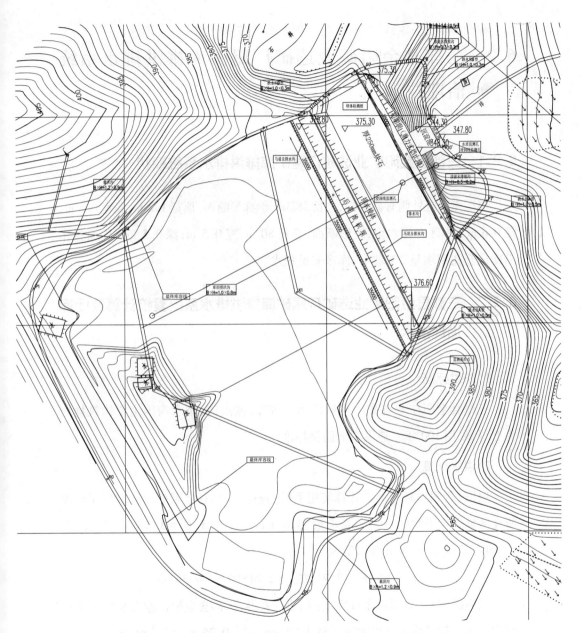

图 6.3　滑石乡黄土坡汞矿选矿厂尾矿库排洪排水系统治理图

6.2 三都县金阳矿业选矿厂尾矿库排洪排水系统治理技术

6.2.1 三都县金阳矿业选矿厂尾矿库排洪排水系统现状

尾矿库库区外侧有截洪沟,总长 382 m,倒梯形断面,顶宽 1.2 m,底宽 0.6 m,深 0.6 m。库区有排水沟,矩形断面,总长 80 m,宽 0.5 m,深 0.5 m。库面整体沿库尾至初期坝呈 2% 坡率,库区未见积水。

6.2.2 三都县金阳矿业选矿厂尾矿库排洪排水系统复核计算及闭库治理技术

1)防洪标准

三都县金阳矿业选矿厂尾矿库为五等库,截洪沟、排水沟等主要构筑物均为五等,采用 100 年一遇洪水的防洪标准。

2)洪水计算

根据《贵州省暴雨洪水计算实用手册》查得,三都县金阳矿业选矿厂尾矿库所在区域多年平均的日最大降雨量为 91 mm,$C_v = 0.5$,$C_s = 3.5 \times C_v = 1.75$,则 100 年一遇的设计 24 h 降雨量为

$$P = 1.0\%, K_p = 2.74, H_{24p} = 2.74 \times 91 = 249.34 \text{ mm}$$

根据《贵州省暴雨洪水计算实用手册》查得,三都县金阳矿业选矿厂尾矿库所在区域多年平均小时最大降雨量为 42 mm,$C_v = 0.35$,$C_s = 3.5 \times C_v = 1.225$,则 100 年一遇的设计 S_p 计算如下:

$$P = 1.0\%, K_p = 2.11, S_p = 2.11 \times 42 = 88.62 \text{ mm}$$

其中,S_p 为频率为 P 的暴雨雨力,mm/h;P 为调查的历次洪水的频率,%;

C_v 为变差系数；C_s 为偏差系数。

设计频率最大暴雨量见表 6.8。

表 6.8　不同设计频率降雨量

频率 P/%	设计频率 1 h 降雨量		降雨量设计频率 24 h 降雨量	
	K_p	H_{1h}/mm	K_p	H_{24p}/mm
1.0	2.11	88.62	2.74	249.34

（1）洪水计算

$$Q_{mp} = 0.481\gamma_1^{0.571}f^{0.223}J^{0.149}F^{0.89}\left[CS_p\right]^{1.143} \tag{6.8}$$

洪水计算结果见表 6.9。

表 6.9　洪水计算表

参数	γ_1	F/km²	L/km	f	J	C	n	K_p	H_{24p}	S_p	Q_P/(m³·s⁻¹)
原左岸截洪沟	0.10	0.1	0.48	0.3	0.05	0.85	0.75	2.74	249.34	88.62	2.17
原右岸截洪沟	0.38	0.5	0.48	0.3	0.05	0.85	0.75	2.74	249.34	88.62	1.17

根据计算，左岸截洪沟：洪水计算量为 2.17 m³/s。

右岸截洪沟：洪水计算量为 1.17 m³/s。

（2）截洪沟设计计算

$$Q = A \times V = \frac{A \times i^{\frac{1}{2}} \times R^{\frac{2}{3}}}{n} \tag{6.9}$$

式中　Q——排水沟流量，m³/s；

　　　V——水流平均流速，m/s；

　　　R——水力半径，m，$R = A/X$；

　　　X——湿周，m，$X = b + 2h(1 + m^2)^{0.5}$；

b——排水沟底宽,m;

h——选定流量的正常水深,m;

m——沟壁边坡系数;

n——糙率系数,m,混凝土取 0.014。

左岸截洪沟:设计沟顶宽 b_1 为 1.2 m,底宽 b_2 为 0.6 m,计算高度 h 为 0.6 m,截洪沟起点高程 654 m,坝底高程 626 m,长度 186 m,计算水力坡降 $i=15.0\%$。右岸截洪沟:设计沟顶宽 b_1 为 1.2 m,底宽 b_2 为 0.6 m,计算高度 h 为 0.6 m,截洪沟起点高程 654 m,坝底高程 623 m,长度 196 m,计算水力坡降 $i=15.8\%$。计算结果见表 6.10。

表 6.10 左岸截洪沟及右岸截洪沟计算表

参数	b_1/m	b_2/m	h/m	i	A/m^2	n	X/m	R/m	$Q/(m^3 \cdot s^{-1})$
原左岸截洪沟	1.2	0.6	0.6	0.15	0.54	0.014	1.94	0.278	6.36
原右岸截洪沟	1.2	0.6	0.6	0.158	0.54	0.014	1.94	0.278	6.53

原左岸截洪沟:排洪能力 6.36 m^3/s,大于洪水计算量 2.17 m^3/s,满足要求。

原右岸截洪沟:排洪能力 6.53 m^3/s,大于洪水计算量 1.17 m^3/s,满足要求。

库区排洪排水系统完善,无须治理。

三都县金阳矿业选矿厂尾矿库排洪排水系统治理图如图 6.4 所示。

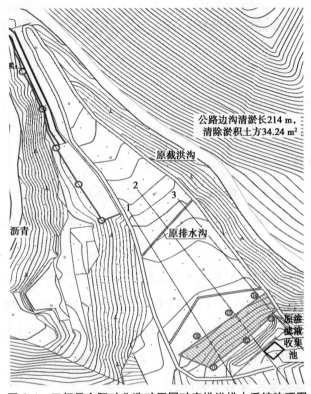

公路边沟清淤长214 m,
清除淤积土方34.24 m²

原截洪沟

沥青

原排水沟

原渗滤液收集池

图6.4 三都县金阳矿业选矿厂尾矿库排洪排水系统治理图

6.3 三都县金盈矿业选矿厂尾矿库排洪排水系统治理技术

6.3.1 三都县金盈矿业选矿厂尾矿库排洪排水系统现状

该尾矿库库区内的排洪设施不完善,溢洪管道目前无法利用,已失去排水功能,本次闭库治理需要完善尾矿库排洪排水系统,确保闭库后的安全。

6.3.2 三都县金盈矿业选矿厂尾矿库排洪排水系统复核计算

1）防洪标准

三都县金盈矿业选矿厂尾矿库为五等库，截洪沟、排水沟等主要构筑物均为五等，采用100年一遇洪水的防洪标准。

2）洪水计算

根据《贵州省暴雨洪水计算实用手册》查得，本尾矿库所在区域多年平均的日最大降雨量为91 mm，$C_v = 0.5$，$C_s = 3.5 \times C_v = 1.75$，则100年一遇的设计24 h降雨量为

$$P = 1.0\% , K_p = 2.74 , H_{24p} = 2.74 \times 91 = 249.34 \text{ mm}$$

根据《贵州省暴雨洪水计算实用手册》查得，本堆场多年平均小时最大降雨量为42 mm，$C_v = 0.35$，$C_s = 3.5 \times C_v = 1.225$，则100年一遇的设计 S_p 计算如下：

$$P = 1.0\% , K_p = 2.11 , S_p = 2.11 \times 42 = 88.62 \text{ mm}$$

设计频率最大暴雨量见表6.11。

表6.11 不同设计频率降雨量

频率 P/%	设计频率1 h降雨量		降雨量设计频率24 h降雨量	
	K_p	H_{1h}/mm	K_p	H_{24p}/mm
1.0	2.11	88.62	2.74	249.34

（1）洪水计算

根据式（6.8）进行计算，计算结果见表6.12。

表6.12 洪水计算表

参数	γ_1	F/km²	L/km	f	J	C	n	K_p	H_{24p}	S_p	Q_p/(m³·s⁻¹)
左岸截洪沟	0.31	0.24	0.58	0.3	0.05	0.85	0.75	2.74	249.34	88.62	4.73

参数	γ_1	F/km^2	L/km	f	J	C	n	K_p	H_{24p}	S_p	$Q_P/(\mathrm{m}^3 \cdot \mathrm{s}^{-1})$
右岸截洪沟	0.31	0.2	0.59	0.3	0.05	0.85	0.75	2.74	249.34	88.62	4.02
库区排水沟	0.31	0.025	0.25	0.3	0.05	0.85	0.5	2.74	249.34	88.62	0.63

根据计算,左岸截洪沟:洪水计算量为 4.73 m^3/s。

右岸截洪沟:洪水计算量为 4.02 m^3/s。

库区排水沟:洪水计算量为 0.63 m^3/s。

(2)截洪沟、排水沟设计计算

按式(6.9)计算,左岸截洪沟:设计沟宽度 1 m,计算高度 h 为 1 m,截洪沟起点高程 411 m,坝底高程 406 m,长度 380 m,计算水力坡降 $i=2\%$。右岸截洪沟:设计沟宽度 1 m,计算高度 h 为 1 m,截洪沟起点高程 411 m,坝底高程 406 m,长度 455 m,计算水力坡降 $i=2\%$。库区排水沟:设计沟宽度 0.5 m,计算高度 h 为 0.5 m,排水沟起点高程 411.5 m,坝底高程 409 m,长度 200 m,计算水力坡降 $i=2\%$。计算结果见表 6.13。

表 6.13　左岸截洪沟及右岸截洪沟计算表

参数	b_1/m	b_2/m	h/m	i	A/m^2	n	X/m	R/m	$Q/(\mathrm{m}^3 \cdot \mathrm{s}^{-1})$
左岸截洪沟	1.0	1.0	1.0	0.02	1	0.014	2.4	0.27	4.85
右岸截洪沟	1.0	1.0	1.0	0.02	1	0.014	2.4	0.27	4.85
库区排水沟	0.5	0.5	0.5	0.02	0.25	0.014	1.5	0.167	0.76

尾矿库左岸截洪沟:排洪能力 4.85 m^3/s,大于洪水计算量 4.73 m^3/s,满足要求。

尾矿库右岸截洪沟:排洪能力 4.85 m^3/s,大于洪水计算量 4.02 m^3/s,满足

要求。

尾矿库库区排水沟：排洪能力 0.76 m³/s，大于洪水计算量 0.63 m³/s，满足要求。

三都县金盈矿业选矿厂尾矿库库区仅库区左岸初期坝至堆积坝有 1 条溢洪管道，未见截洪沟、排水沟，排洪排水系统不完善。

6.3.3　三都县金盈矿业选矿厂尾矿库排洪排水系统治理

1）截洪沟

为了防止周边山体雨水对尾矿库的影响，在尾矿库外围稍高处沿山体修建 1 条截洪沟，长 835 m，断面为矩形，宽 1.0 m，深 1.0 m，沟底及沟帮厚度为 0.3 m，采用 C20 混凝土浇筑，每隔 20 m 设置伸缩缝，采用沥青封填。当沟基础放在尾矿渣上时，需采用碎石进行换填，厚 0.2 m。

为防止截洪沟中的水冲刷坝体，在坝前沿低洼处修建截洪沟 2，长 75 m，断面为矩形，宽 2.0 m，深 1.0 m，沟底及沟帮厚度为 0.3 m，采用 C20 混凝土浇筑，每隔 20 m 设置伸缩缝，采用沥青封填。

2）排水沟

为了防止降雨对尾矿库区域造成冲刷，在尾矿库内修建 3 条横向排水沟，1 条纵向排水沟，总长 540 m，断面为矩形，宽 0.5 m，深 0.5 m，沟底及沟帮厚度为 0.2 m，采用 C20 混凝土浇筑，每隔 20 m 设置伸缩缝，采用沥青封填，排水沟基础采用碎石换填，厚 0.2 m。横向排水沟接入纵向排水沟，排至坝前左岸涵管中。初期坝前修建长 65 m 的排水沟，断面为矩形，靠初期坝侧无沟帮，宽 0.5 m，深 0.5 m，沟底及沟帮厚度为 0.2 m，采用 C20 混凝土浇筑，每隔 20 m 设置伸缩缝，采用沥青封填，该条排水沟接入渗滤液收集池中。

3）其他

初期坝前修建渗滤液收集池，池长 10 m，宽 5 m，深 2 m，厚 0.25 m。池底浇筑 C20 混凝土垫层,厚 0.2 m,池体强度等级为 C20,收集池底钢筋为 HRB400Φ14@200,池壁钢筋为 HRB400Φ12@200,双层双向配筋。

三都县金盈矿业选矿厂尾矿库排洪排水系统治理图如图6.5所示。

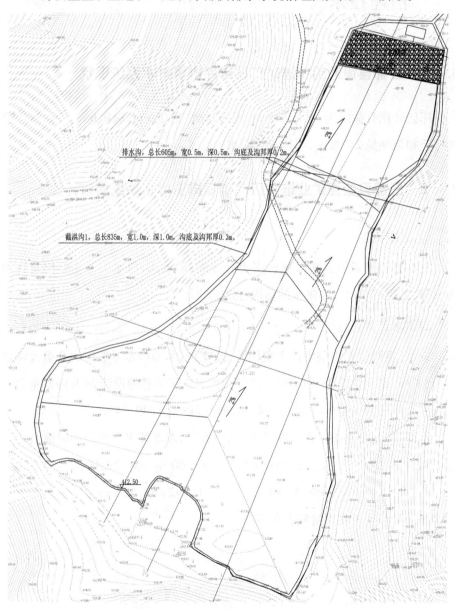

排水沟,总长605m,宽0.5m,深0.5m,沟底及沟邦厚0.2m。

截洪沟1,总长835m,宽1.0m,深1.0m,沟底及沟邦厚0.3m。

图6.5　三都县金盈矿业选矿厂尾矿库排洪排水系统治理图

6.4 三都县恒通铅锌选矿厂尾矿库排洪排水系统治理技术

6.4.1 三都县恒通铅锌选矿厂尾矿库排洪排水系统现状

库区外侧有截洪沟,总长365 m,矩形断面,宽0.6 m,深0.6 m,库面整体沿库尾至初期坝呈2%坡率,库区未见积水。

6.4.2 三都县金盈矿业选矿厂尾矿库排洪排水系统复核计算

1)防洪标准

三都县恒通铅锌选矿厂尾矿库为五等库,截洪沟、排水沟等主要构筑物均为五等,采用100年一遇洪水的防洪标准。

2)洪水计算

根据《贵州省暴雨洪水计算实用手册》查得,本堆场多年平均的日最大降雨量为91 mm,$C_v = 0.5$,$C_s = 3.5 \times C_v = 1.75$,则100年一遇的设计24 h降雨量为

$$P = 1.0\% \text{ , } K_p = 2.74 \text{ , } H_{24p} = 2.74 \times 91 = 249.34 \text{ mm}$$

根据《贵州省暴雨洪水计算实用手册》查得,本堆场多年平均小时最大降雨量为42 mm,$C_v = 0.35$,$C_s = 3.5 \times C_v = 1.225$,则100年一遇的设计$S_p$计算如下:

$$P = 1.0\% \text{ , } K_p = 2.11 \text{ , } S_p = 2.11 \times 42 = 88.62 \text{ mm}$$

设计频率最大暴雨量见表6.14。

表 6.14 不同设计频率降雨量

频率 P/%	设计频率 1 h 降雨量		降雨量设计频率 24 h 降雨量	
	K_p	H_{1h}/mm	K_p	H_{24p}/mm
1.0	2.11	88.62	2.74	249.34

(1)洪水计算

按式(6.8)计算,计算结果见表6.15。

表 6.15 洪水计算表

参数	γ_1	F/km²	L/km	f	J	C_1	n	K_p	H_{24p}	S_p	Q_p/(m³·s⁻¹)
原右岸截洪沟	0.31	0.04	0.35	0.3	0.05	0.85	0.75	2.74	249.34	88.62	0.96
原左岸截洪沟	0.31	0.06	0.35	0.3	0.05	0.885	0.75	2.74	249.34	88.62	1.38

根据计算,左岸截洪沟:洪水计算量为 1.38 m³/s。

右岸截洪沟:洪水计算量为 0.96 m³/s。

(2)截洪沟设计计算

按式(6.9)计算,右岸截洪沟:设计沟宽度 0.6 m,计算高度 h 为 0.6 m,截洪沟起点高程 704 m,坝底高程 697 m,长度 180 m,计算水力坡降 $i=3\%$。左岸截洪沟:设计沟宽度 0.6 m,计算高度 h 为 0.6 m,截洪沟起点高程 704 m,坝底高程 697 m,长度 185 m,计算水力坡降 $i=3\%$。计算结果见表6.16。

表 6.16 截洪沟计算表

参数	b_1/m	b_2/m	h/m	i	A/m²	n	X/m	R/m	Q/(m³·s⁻¹)
原左岸截洪沟	0.6	0.6	0.6	0.03	0.36	0.014	1.8	0.2	1.52
原右岸截洪沟	0.6	0.6	0.6	0.03	0.36	0.014	1.8	0.2	1.52

尾矿库原左岸截洪沟:排洪能力 1.52 m³/s,大于洪水计算量 1.38 m³/s,满足要求。

尾矿库原右岸截洪沟:排洪能力 1.52 m³/s,大于洪水计算量 0.96 m³/s,满足要求。

三都县恒通铅锌选矿厂尾矿库库区排洪排水系统完善,无须治理。

三都县恒通铅锌选矿厂尾矿库排洪排水系统如图 6.6 所示。

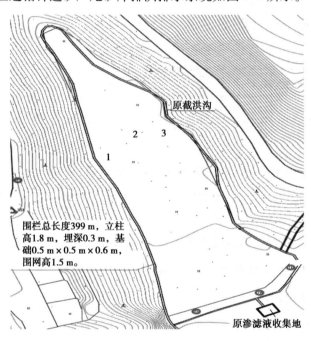

图 6.6　三都县恒通铅锌选矿厂尾矿库排洪排水系统

6.5　本章小结

本章对滑石乡黄土坡汞矿选矿厂尾矿库、三都县金阳矿业选矿厂尾矿库、三都县金盈矿业选矿厂尾矿库及三都县恒通铅锌选矿厂尾矿库的排洪排水系统进行复核,复核结论:黄土坡汞矿选矿厂尾矿库、三都县金盈矿业选矿厂尾矿库及三都县恒通铅锌选矿厂尾矿库的排洪排水系统符合规范要求,但考虑对尾矿库下游的环境保护,滑石乡黄土坡汞矿选矿厂尾矿库新建水处理池及消能池以满足水质符合要求后再排放;三都县金盈矿业选矿厂尾矿库排洪排水系统不完善,采取了在尾矿库周边新建截洪沟,在尾矿库库内新建排水沟,初期坝前修建渗滤液收集池的技术手段,使尾矿库排洪排水系统满足规范要求,达到了闭库治理的目的。

第7章 尾矿库闭库后风险控制技术

7.1 滑石乡黄土坡汞矿选矿厂尾矿库闭库后安全风险控制技术

7.1.1 监测、通信

根据现场踏勘结果,该尾矿库的安全监测系统由于企业在生产后期的维护以及管理不善,导致现有监测设施基本失去了安全监测的功能,本尾矿库闭库治理为了对该库闭库后的安全风险进行管控,故对该尾矿库的安全监测系统进行了重新设计。

1)监测设施

无论是运行中的尾矿库还是已闭库的尾矿库,都要确保尾矿库坝体处于稳定状态。因此,对坝体监测就非常必要且重要,尾矿库安全监测主要包括坝体位移及坝体内水质的监测。坝体监测的目的是收集库区尾砂堆积后应力重新分布及坝体变形、破坏的表征状态。坝体的破坏过程通常是渐变过程,有的要几个月或几年,有的时间可能更长,有的坝体有变形但是无破坏,有的则是从变形开始逐渐破坏。而坝体变形一般用肉眼很难观察得到,必须通过仪器进行监测,通过监测可尽早发现坝体的变形,然后分析其变形破坏的可能性,以便及时采取措施进行治理。

（1）坝体监测

尾矿库挡土墙顶和堆积坝坝顶设置纵向两排共 7 个坝体位移监测混凝土桩,同排桩间距 35 m,坝顶两侧岸坡上设置基准点桩,尺寸为 0.2 m×0.2 m×0.3 m（$B×L×H$）,每隔一月对桩坐标和高程进行观察记录并对资料进行分析,以确保尾矿库安全运行。

（2）地下水监测

在尾矿库库尾上游、尾矿坝坝脚及下游共设置 3 个地下水水质观察井,上游及坝脚处地下水水质观察利用浸润线观测井。每年丰水、枯水期对地下水位进行观察记录,对提取的水质进行检测,发现水质异常须及时查找原因并实施整改,确保尾矿库库区安全运行。

地下水观察井孔径 110 mm,孔底至最低地下水位 3 m;孔管采用孔径 90 mm多孔钢管,每 50 cm 一层开 3 个孔,夹角 120°,相邻层开孔为梅花形布置（错开60°）;孔口设置密封保护措施并做好标记。

（3）浸润线监测

在尾矿坝纵向上布置 1 条横断面,横断面上游、中游、下游共设置 4 个地下水水位观测井,平均每月观测一次,丰水期每天观测一次,每次观测均对地下水位进行观察记录,并与提供的地下水水位进行分析比较,确保尾矿库库区安全运行。

地下水水位观测井孔径 110 mm,孔底至最低地下水位 3 m;孔管采用孔径90 mm 多孔钢管,每 50 cm 一层开 3 个孔,夹角 120°,相邻层开孔为梅花形布置（错开60°）;孔口设置密封保护措施并做好标记。

2）通信

（1）行政管理电话

由于库区在铜仁市通信网络覆盖范围内及黄土坡汞矿选矿厂附近,故不单独设置程控电话。

（2）调度电话系统

选用对讲机和手机各两部作调度电话，配备给安全负责人、生产管理人员及尾矿工。

7.1.2 周边环境治理

1）尾矿库周边环境现状

该尾矿库库区上部为黄土坡汞矿选冶厂，下部为耕地及一条溪流（雨季径流较大，是比较重要的农田灌溉水），无其他水产基地，无重要工业设施。无山体滑坡、崩塌和泥石流情况。库区内无积水，沉积滩面角度小于10°，库区内无外来废石、尾矿、废水等废弃物质排入；不存在违章爆破及采矿活动；无新建建构筑物；在库内对尾矿进行回采以及取尾矿澄清水等现象均不存在。

黄土坡汞矿选矿厂尾矿库周边局部植被较好，闭库治理后尾矿库可与周边局部环境融为一体。

2）尾矿库周边环境治理

（1）尾矿库周边补种草籽

该尾矿库初期坝附近尾矿库区局部周边上游，植被较差，在尾矿库闭库工程施工结束后进行补种草籽，因狗尾巴草对固定土壤较为有利且比较容易成活，因此在上述地段补种狗尾巴草种子，补种面积约 780 m^2。

（2）库周边增设铁丝防护网

该尾矿库在闭库施工完成后，已经不再需要其他辅助措施，故在尾矿库周边设置一整圈铁丝安全防护网，防止人畜进入。总长度 1 532 m，铁丝安全网固定柱高度 2.0 m，铁丝网高 2.0 m，铁丝网基础埋深 0.2 m，颜色为草绿色，铁丝安全网固定柱采用挖坑、浇筑 C20 混凝土基础方式进行安装，基础长 0.5 m，宽 0.5 m，深 0.6 m，颜色为橘红色。

（3）安全标志

该尾矿库已闭库,需在尾矿库周边共设置 8 块安全警示标志标牌,分别布置在库坝体、库下游及库周边。尾矿库库区周边按《矿山安全标志》(GB/T 14161—2008)、《安全标志及其使用导则》(GB 2894—2008)的要求设置"严禁入内""严禁在库内放牧、爆破、游玩、逗留、捡拾废品、滥挖滥采或从事其他非生产活动""尾矿库重地,禁止靠近!"等字样,提醒过往行人注意安全,禁止在库区周围进行乱采、滥挖和非法爆破等活动。

7.2　三都县金阳矿业选矿厂尾矿库闭库后安全风险控制技术

7.2.1　监测系统

变形观测是为了及时掌握尾矿坝的变形情况,研究其有无滑坡破坏的趋势,以确保尾矿坝的稳定和安全。

在初期坝坝顶及堆积坝坝顶共设置 6 个监测点,监测点和监测站均采用混凝土浇筑监测墩,上部布设反光片,采用经纬仪等测量仪器监测。为了使监测点位移有可比性,在变形影响范围之外稳定的地方设置基准点,项目共布置 1 个工作基点和 2 个基准点。

尾矿坝闭库完工后连续观测 6 个月,每月 4 次。当坝体水平、垂直变形量已基本稳定后(变化有规律)再监测 6 个月,每月 2 次。当遇有地震、暴雨或久雨,导致库水位超过最高水位时,渗透情况严重时,或变形量显著增大时,应增加监测次数。

累计沉降达到 30 mm 或水平位移达到 20 mm 时,视为坝体出现险情,应上报上级部门处理。

7.2.2 周边环境治理技术

1)尾矿库周边环境现状

库区上部为耕地及林地,库区初期坝坝体下面为林地及耕地,无水源地,无水产基地,无重要工业设施。无山体滑坡、崩塌和泥石流情况。库区有积水,沉积滩面较为平整,库区内无外来废石、尾矿、废水等废弃物质排入;也不存在违章爆破及采矿活动;无新建建构筑物;在库内对尾矿进行回采以及取尾矿水等现象均不存在。

库区右岸山林至库面边坡局部出现垮塌,边坡长 12 m,高 3 ~ 7 m。

库尾及右岸公路边沟被泥沙堵塞,长 214 m,宽 0.4 m,深 0.4 m。

2)尾矿库周边环境治理

（1）边坡坡脚回填反压

用坝坡削坡出来的土方及矿渣进行坡脚反压,总长 12 m,反压坡面坡比1∶2,反压高度 4.5 m,底宽 9 m,方量 280 m³,平整压实坡面后覆土 30 cm,覆土方量 37.2 m³,并播撒草籽 124 m²。

（2）库尾及右岸公路边沟的泥沙治理

对库尾及右岸公路边沟的泥沙进行清理,长 214 m,宽 0.4 m,深 0.4 m,清理方量 34.24 m³。

（3）增设围栏

闭库施工完成后,不再需要其他辅助措施,故在尾矿库施工结束后在尾矿库周边设置一整圈安全防护网,防止人畜进入。总长度 480 m,立柱高 1.8 m,网高 1.5 m,围栏基础埋深 0.3 m,颜色为草绿色,立柱采用挖坑、浇筑 C20 混凝土基础方式进行安装,基础长 0.5 m,宽 0.5 m,深 0.6 m。

（4）安全标志

三都县金阳矿业选矿厂尾矿库已闭库,故在尾矿库周边共设置 5 块安全警示标志牌,分别布置在库坝体及周边。尾矿库库区周边按《矿山安全标志》（GB/T 14161—2008）、《安全标志及其使用导则》（GB 2894—2008）的要求设置"严禁入内""严禁在库内放牧、爆破、游玩、逗留、捡拾废品、滥挖滥采或从事其他非生产活动""尾矿库重地,禁止靠近!"等字样,提醒过往行人注意安全,禁止在库区周围进行乱采、滥挖和非法爆破等活动。

7.3　三都县金盈矿业选矿厂尾矿库闭库后安全风险控制技术

7.3.1　监测系统

在初期坝顶设置 3 个监测点,监测点和监测站均采用混凝土浇筑监测墩,上部布设反光片,采用经纬仪等测量仪器监测。为了使监测点位移有可比性,在变形影响范围之外稳定的地方设置基准点,项目共布置 1 个工作基点和 2 个基准点。

尾矿坝闭库完工后连续观测 6 个月,每月 4 次。当坝体水平、垂直变形量已基本稳定后（变化有规律）再监测 6 个月,每月 2 次。当遇有地震、暴雨或久雨,导致库水位超过最高水位时,渗透情况严重时,或变形量显著增大时,应增加监测次数。

累计沉降达到 30 mm 或水平位移达到 20 mm 时,视为坝体出现险情,应上报上级部门处理。

7.3.2　周边环境治理

1）尾矿库周边环境现状

库区上部为耕地,下部为弃土场及耕地,无水源地,无水产基地,无重要工业设施。无山体滑坡、崩塌和泥石流情况。库区有积水,沉积滩面较为平整,库区无违章爆破、采石和建筑,无违章进行尾矿回采、取水,无外来尾矿、废石、废水和废弃物排入。

2)尾矿库周边环境治理

(1)地势低洼处进行回填

在该尾矿库初期坝前地势低洼处回填,回填至高程 410 m,碎石土回填方量 1 008 m³。

(2)增设围栏

该库闭库施工完成后,不再需要其他辅助措施,故在尾矿库周边设置一整圈安全防护网,防止人畜进入。总长度 810 m,立柱高 1.8 m,网高 1.5 m,围栏基础埋深 0.3 m,颜色为草绿色,立柱采用挖坑、浇筑 C20 混凝土基础方式进行安装,基础长 0.5 m,宽 0.5 m,深 0.6 m。

(3)安全标志

该尾矿库已闭库,需在尾矿库周边共设置 6 块安全警示标志牌,分别布置在库坝体及尾矿库周边。尾矿库库区周边按《矿山安全标志》(GB/T 14161—2008)、《安全标志及其使用导则》(GB 2894—2008)的要求设置"严禁入内""严禁在库内放牧、爆破、游玩、逗留、捡拾废品、滥挖滥采或从事其他非生产活动""尾矿库重地,禁止靠近!"等字样,提醒过往行人注意安全,禁止在库区周围进行乱采、滥挖和非法爆破等活动。

7.4 三都县恒通铅锌选矿厂尾矿库闭库后安全风险控制技术

7.4.1 监测系统

在初期坝顶设置 3 个监测点,监测点和监测站均采用混凝土浇筑监测墩,上部布设反光片,采用经纬仪等测量仪器监测。为了使监测点位移有可比性,在变形影响范围之外稳定的地方设置基准点,项目共布置 1 个工作基点和 2 个基准点。

尾矿坝闭库完工后连续观测 6 个月,每月 4 次。当坝体水平、垂直变形量已基本稳定后(变化有规律)再监测 6 个月,每月 2 次。当遇有地震、暴雨或久雨,库水位超过最高水位时,渗透情况严重时,变形量显著增大时应增加测次。

累计沉降达到 30 mm 或水平位移达到 20 mm 时,视为坝体出现险情,上报上级部门处理。

7.4.2　周边环境治理

1)尾矿库周边环境现状

尾矿库库区上部为耕地及林地,下部为林地及耕地,无水源地,无水产基地,无重要工业设施。无山体滑坡、崩塌和泥石流情况。库区有积水,沉积滩面较为平整,库区内无外来废石、尾矿、废水等废弃物质排入;不存在违章爆破及采矿活动;无新建建构筑物;在库内对尾矿进行回采以及取尾矿水等现象均不存在。

2)尾矿库周边环境治理

(1)围栏

闭库施工完成后,不再需要其他辅助措施,故在尾矿库周边设置一整圈安全防护网,防止人畜进入。总长度 399 m,立柱高 1.8 m,网高 1.5 m,围栏基础埋深 0.3 m,颜色为草绿色,立柱采用挖坑、浇筑 C20 混凝土基础方式进行安装,基础长 0.5 m,宽 0.5 m,深 0.6 m。

(2)安全标志

该尾矿库已闭库,需在尾矿库周边共设置 7 块安全警示标志牌,分别布置在库坝体、下游及周边。尾矿库库区周边按《矿山安全标志》(GB/T 14161—

2008）、《安全标志及其使用导则》（GB 2894—2008）的要求设置"严禁入内""严禁在库内放牧、爆破、游玩、逗留、捡拾废品、滥挖滥采或从事其他非生产活动""尾矿库重地,禁止靠近!"等字样,提醒过往行人注意安全,禁止在库区周围进行乱采、滥挖和非法爆破等活动。

7.5　本章小结

本章的目的是通过设置监测设施、周边防护设施或通信设施来使闭库后尾矿库的安全风险处于可控状态,三都县金阳矿业选矿厂尾矿库、三都县金盈矿业选矿厂尾矿库及三都县恒通铅锌选矿厂尾矿库是无主尾矿库,闭库后归当地政府管理,故未考虑通信设施。

第8章　尾矿库闭库安全管理

8.1　闭库施工主要安全措施

闭库施工过程中应特别注意的安全措施：

①坝坡施工时，须采取防石块滚落、边坡滑坡的安全措施；机械施工时，作业面的长度及宽度要保障设备安全运转。

②尾矿库在进行排洪设施施工时，必须在坝体滩面形成符合安全规定的操作滩面，施工人员必须配备安全绳、救生衣，并由专人在库岸负责保护，达到要求后才入库施工。

③尾矿库闭库施工前，必须制订切实可行的施工方案，并报监理单位认可后方可施工。

④尾矿库闭库治理工程的施工及监理工作应委托有资质且有相关尾矿库施工及监理经验的施工单位和监理单位来完成，所有施工及监理资料应由尾矿库闭库后的管理单位永久保存。

⑤尾矿库闭库施工时涉及防渗土工膜焊接、安装，施工前应详细检查防渗土工膜的合格证、检验报告及外观是否完好，施工结束后应委托有资质的第三方对防渗土工膜焊缝进行检查，检测合格后方可投入使用。具体防渗土工膜焊接及安装示意图如图8.1所示，防渗土工膜的铺设如图8.2所示。

⑥尾矿库闭库工程的质量应符合现行规范、标准的要求。

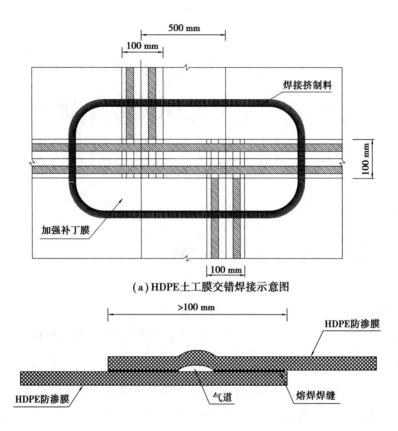

（a）HDPE土工膜交错焊接示意图

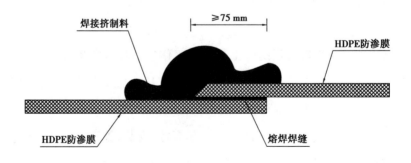

（b）HDPE防渗土工膜双焊缝焊接大样图

（c）HDPE防渗土工膜挤出焊缝焊接大样图

图8.1　防渗土工膜焊接安装大样图

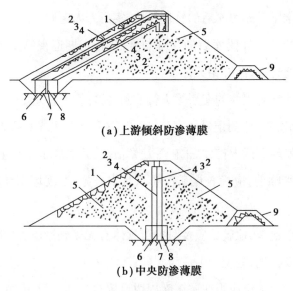

(a) 上游倾斜防渗薄膜

(b) 中央防渗薄膜

图 8.2　土工薄膜的铺设方式

1—砌石护坡；2—砾石；3—中粗砂；4,6—土工薄膜；

5—砂卵石或堆石；7—水泥砂浆；8—混凝土垫层；9—滤水坝趾

8.2　尾矿库闭库治理工程的竣工验收评价

尾矿库闭库工程施工完成后，应及时委托有资质的安全评价机构对尾矿库闭库工程进行竣工验收评价，竣工验收评价结论为合格的尾矿库，方可闭库。

8.3　闭库后安全管理措施

针对不同尾矿库闭库时的实际情况，在库区闭库治理时采用的技术对策措施是可行的，能有效确保尾矿库闭库后的安全与稳定。针对闭库后的尾矿库，应进行长期的安全管理。闭库后尾矿库的日常管理严格按照国家有关规定进行：

①建立健全尾矿库闭库后的管理机构,实行专人定职负责。

②建立健全尾矿库闭库后的管理制度,实行定期巡视制度,尤其是雨季应有强化巡视制度管理,做好相关记录。

③按监测计划对坝体的变形等进行监测,特殊情况(如洪水季节、发生地震等)应加强监测次数,监测记录要完整、完善,并有变形曲线对照表。

④要及时发现库区内挖砂、采矿等违章活动,并坚决予以制止。

⑤在洪水来临前,应检查尾矿库排洪排水设施,发现堵塞和破坏应及时清理和修复。

⑥如果发生地震,地震后应及时查看坝体有无受到影响,产生裂缝或坍塌,若有应及时采取措施,避免产生危险。

⑦尾矿库管理单位应当在尾矿库周边设置报警通信设施,并编制尾矿库应急预案,确保尾矿库下游居民生命、财产的安全。

⑧尾矿工为特种作业人员,上岗作业前必须接受有关部门组织的专门的安全培训及技能培训,并经考核合格,取得特种作业操作资格证书后,方可入岗。有关特种作业人员必须记录存档的材料包括尾矿工参加三级安全教育和岗前培训情况,以及考核结果等。

⑨尾矿库管理单位应强化闭库后的安全巡查检查措施,对初期坝的渗流异常、排水异常、泄洪异常等情况及时发现、及时处理。

8.4　尾矿库事故处理

(1)尾矿库坝体裂缝

当尾矿库坝体出现裂缝时,应及时采用对坝体表面观测以及局部开挖探坑、探槽等相关工程技术手段,查清楚坝体裂缝的具体部位、有关尺寸(长度、宽度和深度,裂缝的错距)、产状等相关情况,综合分析坝体裂缝的产生的原因,针对裂缝的具体情况采用如下治理措施:

①针对缝深小于 5 m 的裂缝处理方法：一般采取开挖回填法进行处理，开挖深度的要求是必须比裂缝最大深度深约 0.3～0.5 m，开挖长度的要求是必须满足超出裂缝两端且长度不小于 2 m，开挖后的回填要求分层夯实，回填土料宜与原土料相同。

②针对比较深的裂缝处理方法是：采取灌浆法处理，也可采用在裂缝的上部进行开挖回填，在裂缝的下部采用灌浆的方法分别处理。裂缝灌浆的浆液一般采用纯黏土浆，也可采用黏土水泥浆。

（2）坝体塌坑

当坝体出现塌坑时，应查明塌坑的具体成因，采取有针对性的处理技术及工程措施：

①一般采用回填夯实的方法处理沉陷塌坑。

②一般采取先治理管涌再进行回填的方法来治理管涌塌坑。具体为：坝坡冲沟应及时用土、石分层夯实填平，并增设坝坡排水沟。

③坝体出现滑坡迹象时，常常采取下列处理措施：放缓坝坡，降低坝体浸润线；在下游坡加压坡戗台，戗台宜采用堆石料等。

（3）其他异常现象

当尾矿库坝面或坝肩出现了异常现象，如集中渗流、流土、管涌、大面积沼泽化、渗水量增大或渗水变浑等时，常常采取下列处理措施：在坝面或坝肩渗水部位铺设土工布，也可是天然反滤料，其上再加以堆石料压坡。

（4）闭库尾矿库事故

针对闭库后的尾矿库，安全管理单位应及时根据国家法律法规制订有针对性的应急救援预案，明确抢险治理措施。当尾矿库闭库后出现下列任何情况之一时，应立即采取抢险治理措施：闭库后尾矿库坝体出现了严重的管涌或流土等现象，可能会威胁坝体安全的；闭库后坝体出现了严重裂缝、坍塌及滑动迹象，存在尾矿库垮坝风险的；库内水位超过设计限制的最高洪水位时，有洪水漫坝危险的；闭库后的排洪系统堵塞，可能降低或者丧失排洪能力而不满足安全要求的;其他可能危及闭库尾矿库安全的各种险情。

8.5　尾矿库安全运行管理主要控制指标

尾矿库进行闭库综合治理完成后,库内正常情况下不再积水,因此,无库水位、干滩长度和安全超高等控制指标,仅设置坝顶位移监测点的预警值,由低级到高级分为黄色预警、橙色预警、红色预警3个等级,具体设置的指标数据见表8.1。

表8.1　初期坝坝顶位移变形监测预警值表

单位:m

监测部位	正常值	黄色预警值	橙色预警值	红色预警值
初期坝坝顶	0.07	0.10	0.13	0.20

8.6　本章小结

本章主要介绍了尾矿库闭库施工的要求及闭库后安全管理的要求及内容,并针对闭库后的尾矿库可能发生事故的情况提出了安全对策及建议,对闭库后尾矿库的安全管理、巡查、安全风险管控及应急处置具有可借鉴的实际意义。

第9章 结论及展望

9.1 结 论

通过对尾矿库进行闭库勘察、现场调查、闭库前安全评价、数值模拟及理论计算,得到了以滑石乡黄土坡汞矿选矿厂尾矿库(四等汞矿尾矿库)、三都县金阳矿业选矿厂尾矿库(五等铅锌矿尾矿库)、三都县金盈矿业选矿厂尾矿库(五等硫铁矿尾矿库)、三都县恒通铅锌选矿厂尾矿库(五等铅锌矿尾矿库)为工程背景的闭库治理结果。主要结论如下:

①通过对闭库尾矿库的工程勘察,得出滑石乡黄土坡汞矿选矿厂尾矿库库区内只发育有规模较小的 F 断层,而无活断层发育和通过,区域构造稳定性较好;三都县金阳矿业选矿厂尾矿库、三都县金盈矿业选矿厂尾矿库、三都县恒通铅锌选矿厂尾矿库库区未见断裂构造通过,未见滑坡、崩塌、泥石流、采空区、地面沉降、活动断裂、危岩等不良工程地质作用,下伏基岩为中风化灰岩,为硬质工程岩组,场地地基稳定性好,环境地质条件较好。4 个尾矿库闭库的工程基础条件较好。

②通过对滑石乡黄土坡汞矿选矿厂尾矿库、三都县金阳矿业选矿厂尾矿库、三都县金盈矿业选矿厂尾矿库和三都县恒通铅锌选矿厂尾矿库的现场调查及闭库前安全评价,查明滑石乡黄土坡汞矿选矿厂尾矿库为四等尾矿库;三都县金阳矿业选矿厂尾矿库、三都县金盈矿业选矿厂尾矿库及三都县恒通铅锌选

矿厂尾矿库为五等尾矿库。总结出了上述 4 家尾矿库的安全隐患,并得出主要危险因素为洪水漫顶、溃坝、坝体滑坡、排洪系统破坏、坝基沉陷、泥石流等,从而基本明确了下一步尾矿库闭库治理的范围及内容。

③根据尾矿库闭库治理内容,采用岩土边坡计算软件对保留的闭库尾矿库坝体进行复核计算,结论为稳定。通过对 4 家尾矿库进行洪水计算,三都县金阳矿业选矿厂尾矿库及三都县恒通铅锌选矿厂尾矿库排洪排水设施符合规范要求,无须新增治理;滑石乡黄土坡汞矿选矿厂尾矿库新增环保水池,确保闭库后尾矿水符合环保要求;通过对三都县金盈矿业选矿厂尾矿库排洪排水设施治理,实现闭库后防洪安全。

④根据闭库尾矿库的实际情况,通过设置监测设施、周边围栏或者安全防护网、通信设施等完善了闭库治理后的安全风险控制措施及手段,有利于减少或减弱尾矿库闭库的安全风险。

⑤分析了闭库施工管理、验收及竣工的要求,对闭库后的安全管理具有一定的参考意义。

9.2 展　望

通过对滑石乡黄土坡汞矿选矿厂尾矿库、三都县金阳矿业选矿厂尾矿库、三都县恒通铅锌选矿厂尾矿库及三都县金盈矿业选矿厂尾矿库等 4 家不同规模及不同尾矿类型的尾矿库进行的闭库治理工程,治理过程中采取的闭库治理技术,可为即将闭库的贵州省类似尾矿库提供有益的经验和借鉴。但尾矿库闭库治理是复杂系统工程,还有一些问题需要进一步研究和探索,主要方面如下:

①在地震烈度为 7 度及以上的地区,在尾矿库闭库治理过程中,如何复核及完善抗震设计,尤其是在建库时间较早的尾矿库,建库时对地震因素未考虑或考虑不周,这是接下来尾矿库工作者需要研究及面对的问题。

②随着国内外选矿技术的日益进步及发展,尾矿库里面的尾砂可能会重新加以回收利用,因此闭库后的尾矿库可能会进行回采。因尾矿固结排水需要较长时间,对于停用时间不长的湿排闭库尾矿库。回采过程面临着较大的安全风险,国内外很多学者虽做了一定的研究,但大多处于模拟阶段,可能会与实际情况有出入,找到一个比较普遍的可供安全回采的规律,减少尾矿回采风险,也是一个值得探讨和研究的方向。

③随着国内闭库的尾矿库越来越多,较大的无主的尾矿库(如四等及以上)闭库后由当地政府管理,闭库后尾矿库与自然完全融合需要多长时间,尾矿库的安全监测系统是否有必要永远运行下去,目前尚无明确的研究结论。这也可能是另外一个有意义的课题。

参考文献

［1］于德泉.闭库尾矿库风险控制与风险管理［D］.北京:中国地质大学,2021.

［2］沈楼燕,魏作安.探讨矿山尾矿库闭库的一些问题［J］.金属矿山,2002(6):47-48.

［3］沃廷枢.尾矿库手册［M］.北京:冶金工业出版社,2013.

［4］常鸣.基于遥感及数值模拟的强震区泥石流定量风险评价研究［D］.成都:成都理工大学,2014.

［5］邓红卫,陈宜楷,雷涛.尾矿库调洪演算的时变分析模型及应用［J］.中国安全科学学报,2011,21(10):137-142.

［6］中华人民共和国住房和城乡建设部.尾矿设施设计规范:GB 50863—2013［S］.北京:中国计划出版社,2013.

［7］中华人民共和国住房和城乡建设部.尾矿设施施工及验收规范:GB 50864—2013［S］.北京:中国计划出版社,2014.

［8］陈觇,王旭,宋会彬.关于尾矿库闭库和光伏及生态修复相结合的研究［J］.中国矿山工程,2020,49(2):61-64.

［9］蓝蓉.尾矿库常见安全隐患排查［J］.劳动保护,2020(11):66-68.

［10］胡祥群,高峰.德兴铜矿五号尾矿库回水方案选择的经验探讨［J］.有色设备,2020,34(6):14-18.

［11］中华人民共和国应急管理部.尾矿库安全规程:GB 39496—2020［S］.北京:中国标准出版社,2020.

［12］杨健,江杰,李胜全,等.尾矿库闭库设计程序概述［J］.城市建设理论研究

（电子版），2011（19）：1-6.

［13］国家安全生产监督管理局.安全评价［M］.北京：煤炭工业出版社，2002.

［14］《尾矿设施设计参考资料》编写组.尾矿设施设计参考资料［M］.北京：冶金工业出版社，1980.

［15］高峰，郑学鑫，宋会彬.国内外尾矿库建设标准的差异探讨［J］.有色冶金节能，2021，37（3）：11-13.

［16］全国安全生产标准化技术委员会非煤矿山安全分技术委员会.尾矿库安全监测技术规范：AQ 2030—2010［S］.北京：煤炭工业出版社，2011.

［17］全国地震标准化技术委员会.中国地震动参数区划图：GB 18306—2015［S］.北京：中国标准出版社，2016.

［18］住房和城乡建设部.防洪标准：GB 50201—2014［S］.北京：中国标准出版社，2015.

［19］中国建筑科学研究院.混凝土结构设计标准：GB 50010—2010［S］.北京：中国建筑工业出版社，2011.

［20］中华人民共和国应急管理部.危险化学品重大危险源辨识：GB 18218—2018［S］.北京：中国标准出版社，2018.

［21］杨玉婷，艾敏，许志发，等.尾矿库渗流场数值模拟研究方法综述［J］.中国水运（下半月），2018，18（11）：65-67.

［22］陈宇龙，陈见行，张洪伟，等.尾矿库混合式筑坝坝体稳定性研究［M］.北京：冶金工业出版社，2021.

［23］曾霄祥，黄广黎，尹清海，等.利用闭库尾矿库土地资源开发固废堆场应用与实践［J］.中国金属通报，2021（3）：108-110.

［24］李全明，张红，李钢.中澳尾矿库全生命周期安全管理对比分析［J］.现代矿业，2016，32（12）：1-5,9.

［25］余大明，杨正华，王铁军，等.某尾矿库闭库相关问题及解决措施［J］.矿业工程，2023，21（5）：33-36.

[26] 孙笑微,李云军.浅谈小型尾矿库闭库设计[J].有色矿冶,2018,34(4):59-61.

[27] 李愿.秧田箐尾矿库稳定性分析与预测研究[D].重庆:重庆大学,2010.

[28] 陈宇龙.尾矿库混合式筑坝坝体稳定性研究[D].重庆:重庆大学,2012.

[29] 孙文杰,梅国栋,王莎,等.推理公式法和瞬时单位线法在尾矿库洪水计算中的对比分析[J].有色金属工程,2022,12(9):122-127.

[30] 陈洪全,刘术湘.基于 GEOSLOPE 的某尾矿坝加高稳定性分析[J].科技创业月刊,2013,26(11):193-195.

[31] 翟栋.元宝山露天煤矿 3~#线黄土基底排土场稳定性分析[D].阜新:辽宁工程技术大学,2011.

[32] 贾志献,于明明.尾矿坝渗透稳定性分析[J].铁道建筑,2015,55(2):141-143.

[33] 熊昊旻.洛带镇某发电厂工程边坡稳定性及支护措施研究[D].成都:成都理工大学,2020.